아동영양학

오경숙 · 강영식 · 박창옥 · 김영분 · 이정민

KNOWLEDGE COMMUNITY 공동체

영양이란 생물이 생명현상을 유지하는 데 필요한 물질을 외부로부터 섭취 또는 공급하는 과정을 말한다. 인간의 삶에서 영양이란 생명과 직결될 정도로 매우 중요한 역할을 한다. 최근 현대사회는 경제성장으로 생활수준이 향상되어 한국인의 식생활은 많은 변화를 가져왔다. 고도의 경제성장에 따른 경제활동 참여로 영유아의 관심도가 높아졌다. 특히 전 생애 중에서 영유아기의 영양섭취는 매우 중요하다. 다른 어떤 시기보다도 특정적이며, 평생의 영양과 건강을 좌우하는 시기이므로 의미 있게 다루어져야 한다.

영유아기의 영양은 일생 동안의 신체와 정서 발달 등에 큰 영향을 미칠 수 있다. 좋은 식습관을 형성하여 충분한 영양을 섭취한 영유아는 지적·신체적 측면에서 잠재 가능성을 충분히 발휘할 수 있으며, 여러 질병에 대한 면역력도 강화된다. 또한 좋은 성격을 형성할 수 있고, 원만한 사회적 관계를 형성할 수 있으므로 영유아들에게 영양보충은 매우 중요하다. 영유아기의 영양 섭취는 영유아의 신체·언어·두뇌 발달 등 전인적 발달에 직접적인 영향을 미칠 정도로 중요하다. 특히 앞으로 영유아를 담당하게 될 교사라면 더욱더 영유아들의 영양에 대한 기본적인 이해와 지식을 갖추고 올바른 식습관을 기를 수 있도록 도와야 할 것이다.

이 교재는 유아교육 및 보육을 공부했었던 입장과 강단에서 예비교사들을 가르치는 입장에서 좀 더 쉽고 재미있게 영유아기 영양을 가르칠 수는 없을까 하는 마음에서 시작된 책이다. 여러 해 동안 아동영양학을 가르치면서, 좋았던 노하우와 아쉬웠던 점을 반영해 보고, 한 학기에 사용될 교재로서 내용이 지루하지 않도록 실제편을 다루었다. 또한 이론과 실기의 조합을 고려하였고, 표준보육과정과 누리과정의 내용 및 NCS 기반 교육과정 내용을 반영하여, 총 12장으로 나누어 구성하였다.

1, 2장에는 영유아 발달과 영양의 기초에 해당하는 내용과 영유아기에 필요한 영양소에는 어떠한 것들이 있는지에 대한 내용이 들어 있다. 3, 4, 5장은 영아기부터 유아기, 아동기의 각 시기에 해당하는 영양의 특징, 성장과 발달, 식생활 행동 특성 및 지도의 내용을 실었고, 6장은 영양문제에 해당하는 식욕부진, 편식, 비만, 알레르기, 충치에 대한 특수영양관리, 7장은 영유아기 영양교육의 중요성에 대해 다루었다. 8장은 영유아기 발달에 영향을 미치는 식품을 영유아가 섭취하기에 적합한 식품과 부적합한 식품 그리고 영유아의 두뇌발달에 영향을 미치는 영양소와 식품으로 나누었다. 9장에는 영유아기 영양평가를 통해 개인이나 집단을 대상으로 영양의 섭취수준이나 영양 관련 건강지표 등 다양한 정보를 수집하여 건강과 관련된 상황을 종합적으로 분석하고 영양의 문제를 찾아내는 일련의 과정을 알 수 있다. 10장에서는 어린이집 평가인증지표의 건강과 영양 영역에 대해, 11장과 12장은 유아교육기관에서의 급식과 식생활 지도와 유아교육기관 급식시설 · 설비 및 위생관리에 대한 내용이 담겨 있다. 각 장별로 현장에서 응용되기 바라며 요리 실습 및 관련된 실제내용을 실었다.

이 교재가 영유아의 식습관 및 태도에 영향을 미치게 될 미래의 교사들에게 영양 기초의 틀을 제공하는 좋은 길잡이가 되기를 바라며, 현장에서도 유익한 좋은 지침서가 되기를 바란다. 어떤 글이든 다 쓰고 나면 아쉬움이 남는다. 그 아쉬움은 좀 더 나은 글을 위해 노력하라는 메시지인 것 같다. 그 아쉬움을 바탕으로 더 좋은 교재를 개발하도록 지속적으로 노력할 것이다.

2015년 3월

저자 드림

차 례

CONTENTS

차 례

CONTENTS

CHAPTER

01

영유아 발달과 영양

1. 성장 및 발달 개념
2. 성장 및 발달 원리
3. 성장패턴
4. 성장과 발달 과정

CHAPTER

01 영유아 발달과 영양

영유아기 발달의 영양을 지도하기 위해서는 영유아의 성장과 발달에 대한 이해가 기본적으로 있어야 한다. 따라서 이 장에서는 영유아기 성장 및 발달 개념, 원리, 성장패턴, 성장과 발달 과정에 대해서 알아보기로 한다.

1 성장 및 발달 개념

인간은 서로 다른 유전인자를 가지고 이 세상에 태어나서 이를 기초로 서로 다른 환경의 영향을 받으면서 자라게 된다. 자라는 동안 인간은 전 생애를 통하여 신체적 기능이나 심리적 기능에 변화가 오는데, 이를 발달이라 한다.

발달과 성장을 혼용해서 사용하기도 하나 이는 서로 구별되는 것이다. 발달은 인간의 전 생애를 통해서 지속적으로 이루어지는 양적 그리고 질적인 모든 변화를 말하며, 이러한 변화는 계획된 순서대로 체계적으로 일어나기도 하므로 예측 가능하다. 발달은 단순한 세포의 증가나 신체적 성숙(growth)만을 의미하는 것이 아니라, 날 때부터 주어진 생물학적 요인(유전, 신체 상태, 타고난 기질, 뇌의 발달 등)과 그 개인이 처해 있는 환경에서 얻어진 경험인 환경적 요인(육아 경험, 부모와의 관계, 형제의 수, 경제적 · 사회적 여건, 교육 경험 등)의 두 가지 요인이 상호작용하여 일어나는 것이다.

성장이란 세포가 증가하고 생물이 크게 되는 현상이다. 즉, 신체의 크기나 몸무게의 증가 등의 양적 증가를 의미한다. 이처럼 성장은 환경의 영향보다는 시간의 경과에 따라 자연히 증가하는 선천적 요인이 더 크게 작용하는 것을 말한다.

2 성장 및 발달 원리

영유아 발달은 영유아의 개인적 특성, 문화에 따라 차이가 있지만, 보편적이고 일반적인 발달원리에 따라 발달이 이루어진다. 발달에 대해서 다양한 이론들이 제시되고 있는데 이들 이론들이 제시하고 있는 공통된 성장과 발달의 원리를 요약하면 다음과 같다.

1) 발달의 진행에는 순서와 일정한 방향이 있다

영유아들의 발달을 보면, 길 수 있게 된 다음에 앉을 수 있고, 앉을 수 있게 된 다음에 비로소 설 수 있게 되며, 설 수 있게 된 다음에 걸을 수 있다. 이와 같이 발달에는 일정한 순서가 있으며 또한 발달이 진행되는 방향에도 일정한 경향이 있다. 발달에 있어 일정한 방향이 있다는 것은 앞 단계의 발달이 다음 발달 단계의 기초가 된다는 것을 의미한다.

두미 발달의 원칙, 근원 발달의 원칙, 세분화 발달의 원칙을 구체적으로 살펴보면 다음과 같다.

(1) 두미 발달의 원칙

상부에서 하부로, 즉 머리에서 발 방향으로 발달한다. 발달이 머리에서 먼저 진행되고 손과 발은 이후에 발달이 진행된다. 머리 부분이 사지보다 먼저 발달하는 것으로, 영유아는 태어나서 고개 가누기, 가슴 들기, 배 들기, 기기, 서기, 걷기 순으로 신체 발달이 이루어지는데, 이처럼 발달은 머리에서 아래로 내려가는 순서로 진행된다.

(2) 근원 발달의 원칙

몸의 중심에서 말초 방향으로 발달한다. 가까운 곳에서 먼저, 그리고 먼 곳에서 나중에 발달이 이루어진다. 즉, 팔, 팔목, 손, 손가락 순으로 발달을 한다.

(3) 세분화 발달의 원칙

발달의 방향이 진체 활동에서부터 특수 활동으로 발달한다 물건을 잡을 때 손 전체, 즉 다섯 손가락 모두를 사용하다가 점차 엄지손가락과 집게손가락을 사용한다. 즉, 영유아가 물건을 잡으려 할 때 처음에는 무작정 마구 잡다가 차차 손목, 손가락을 사용하여 잡게 되는 것처럼 세분화 발달의 원칙이란 일반적이고 덜 구체적인 발달이 먼저 선행된 후에 이를 구체적으로 세분화시킨 발달이 뒤이어 이루어지는 것을 말한다.

2) 발달은 연속적인 과정이지만 발달의 일반적인 속도는 일정하지 않다

신체 각각의 부위에 따라 성장속도가 다르기도 하며 또 심리적 발달 속도도 다르게 이루어지는 것처럼 신체의 각 부위에 따라, 또 정신 기능에 따라 발달의 속도가 항상 일정하지 않다.

- 신체 발달은 영유아기와 사춘기에 급격한 증가를 나타내나 다른 시기에는 발달 속도가 느리다.

- 두뇌의 경우에는 출생 후 6세까지 급격한 발달을 보이는 반면에 생식기관의 경우 12세까지는 완만하게 발달하다가 이후에 빠르게 성장한다.
- 어휘 수는 영유아기에 급격히 발달하며, 추리력은 서서히 발달하여 아동기를 지나 청년기에 절정기를 보인다.

즉, 초기에 빠른 발달을 보이다 차츰 그 속도가 느려지는 경우와 처음에는 별다른 발달을 보이지 않다가 이후 급격한 발달을 보이는 경우 등 그 속도가 일정하지 않다.

3) 발달은 유전적 요인과 환경적 요인의 상호작용에 의해 이루어진다

발달에 영향을 미치는 요인 중에서 성숙요인(생물학적 · 유전적 요인)의 영향이 큰가 또는 학습요인(환경적 · 경험적 요인)의 영향이 큰가에 대한 이론적 논란이 있다.

- 유전론은 인간발달이 선천적 특질에 의해 결정된다고 본다. 성숙이론이 대표적이며 루소가 여기에 해당한다. 현대에 있어서도 우생학적 경향과 쌍둥이에 대한 연구들에 의해 지지되고 있다.

미국 미네소타 주 쌍둥이 연구소의 연구 결과 – 태어나자마자 헤어져 서로 만난 적도 없고 존재하는지조차 모르던 쌍둥이가 성인이 되어 만났을 때 행동 습관과 성격이 비슷함을 보이며, 입양아 연구 결과 일란성 쌍생아들이 보통의 형제 사이의 경우보다 유사성이 많게 나타났다.

- 환경론은 선천적인 유전보다 후천적으로 제공되는 환경에 의해 발달이 이루어진다고 본다. 로크, 행동주의 등이 여기에 속하며, 다양한 환경 속에서 다양하게 발전해 온 인류 역사, 사회문화 및 경험에 따라 발달 차이가 나타나는 현상 등에 의해 지지된다.

맹모삼천지교 – 맹자의 어머니는 맹자를 데리고 처음 묘지 가까이 살았는데, 거기서 어린 맹자가 장사 지내는 것을 자주 보고 그 흉내를 내자 맹자 어머니는 집을 시장 근처로 옮겼다. 이번에는 어린 맹자는 거리에서 물건 파는 것을 보고는 그 흉내를 내자 맹자 어머니는 서당이 있는 곳으로 집을 옮기고서야 여기서 맹자를 공부시킬 수 있었다고 한다.

현대에는 두 요소를 독립적 요인으로 보기보다는 양 요인의 상호작용으로 보는 인식이 대두되어 왔다. 즉, 영유아의 발달이 어느 한 요인에 의해서만 영향을 받았다고 볼 수 없으며, 유전적 요인과 환경적 요인이 서로 상호작용하여 이루어지는 것이다. 연령 증가에 따라 나타나는 발달적 변화는 유전적 요인과 환경적 요인의 소산이다.

4) 발달에는 개인차가 존재한다

모든 사람이 보편적인 순서에 따라 성장·발달해 가지만 발달 정도와 속도는 각 개인마다 다르다. 사람마다 가지고 있는 유전인자와 환경적인 요인이 다르기 때문에 다양한 개인차를 보인다. 이러한 차이는 발달영역 간에서도 나타나며 같은 영역 내에서의 발달이라도 그 정도나 속도에서 다양하다.

5) 발달의 각 측면은 서로 밀접하게 상호 관련되어 있다

과거와는 달리 최근에는 각 측면의 발달, 즉 신체적 발달, 인지적 발달, 사회발달, 정서발달, 언어발달이 서로 독립적으로 이루어지는 것이 아니라 서로 밀접히 관련되어 있음이 밝혀지고 있다. 일상생활에서 경험하는 타인과의 접촉 결핍은 사회성의 발달을 서해하는 원인이 되며 이는 언어발달과 더불어 인지적 발달에 영향을 미치게 된다. 이처럼 신체발달, 인지발달, 사회발달, 정서발달, 언어발달 등은 서로 복잡하게 얽혀 있다.

6) 발달에는 결정적 시기가 있다

발달의 초기단계인 영유아기는 일생에서 가장 중요한 시기로 이후의 모든 단계의 성장·발달을 좌우한다. 어린 시기에 뇌에 손상을 입으면 지능성장에 이상이 초래되며, 사회적 접촉의 결여로 어릴 때 정상적인 언어발달이 이루어지지 않으면 지속적으로 언어에 문제를 갖게 된다. 이처럼 필요한 시기에 적절한 자극을 제공해 주지 못했을 경우 그 시기에 이루어져야 할 발달이 지연되거나 아예 발달이 이루어지지 못한다.

인간의 발달은 어느 시기에나 똑같은 가능성을 가지고 진행되는 것이 아니라 가장 쉽게 이루어지는 최적의 시기가 있다.

3 성장패턴

성장은 세포의 수와 크기의 증가에 의해서 이루어진다.

- 첫 번째 단계는 세포의 수가 증가한다.
- 두 번째 단계는 세포의 수가 증가함과 동시에 세포의 크기가 커진다.
- 세 번째 단계는 기존의 세포 크기만 커진다.
- 네 번째 단계에서는 세포의 수와 크기의 증가가 멈추고 효소 기능의 정교화와 세포 기능의 통합 등의 발달이 일어난다.

인체의 여러 조직과 발달과정을 Scammon(1930)은 일반형, 신경형, 생식기형, 림프형으로 분류하여 제시하였다. 각 구조에서 도달된 크기는 출생에서 20세(성인) 사이의 전체적인 증가의 비율로 나타내며, 여기서 종축은 성인의 완성레벨인 100%를 기준으로 하여 발달곡선을 그리고 있다.

1) 일반곡선(General type)

신장, 체중, 가슴둘레 등의 형태적인 성장과 근육, 허파 등의 소화기관의 발육 그리고 심폐기능, 운동능력 등의 발달 형태를 보이는 것으로 성장형태는 S패턴을 보이며 영아기, 사춘기에 급격한 성장을 보인다.

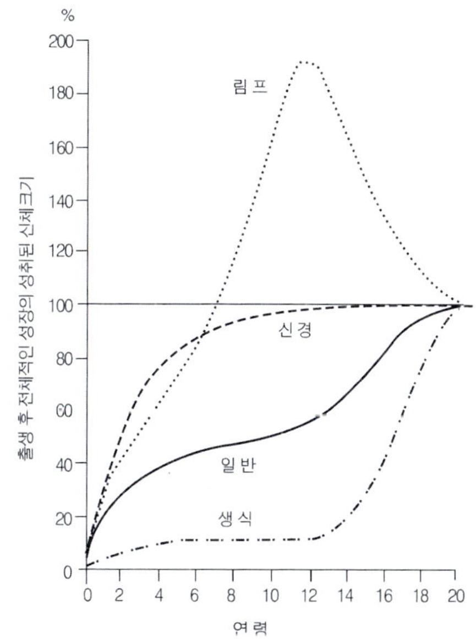

| 그림 1-1 | 인체 기관의 성장곡선

출처 : Scammon(1930).

2) 신경곡선(Neural type)

대뇌, 척수, 여러 가지 감각기관 등과 같은 신경조직의 발달이 이에 속한다. 유아기에 급속히 발달하며 출생 후 4세에서 성인의 80%에 도달한다. 그 후에는 점진적으로 발달하여 6세경에는 중추신경계의 90% 정도에 이르며 생리 해부학적 능력과 구조상으로도 성숙되었음을 의미한다. 경험과 훈련을 필요로 하는 고도의 운동능력과 정신기능이라는 차원과는 구별된다.

3) 생식곡선(Genital type)

생식선 기능의 발육 과정이 보이는 형으로 생식기, 유선, 음모, 자궁, 전립선 등 사춘기 이전에는 아주 완만한 발육을 보이다가 사춘기에 2차 성징을 나타내면서 급격히 발달한다.

4) 림프곡선(Lymphoid type)

림프 조직은 온몸에 분포되어 있는 순환관으로 노폐물이나 림프액을 운반한다. 림프 조직(흉선) 및 편도선 및 충수 등의 발육이 나타내는 발육 과정으로 사춘기 전인 11~13세에 최대 발육을 보여 과도 성장을 하였다가, 점차 감소되어 정상으로 환원된다.

4 성장과 발달 과정

1) 신장과 체중

출생 후 처음 6개월 동안의 기간은 신체의 성장이 일생 중 가장 급속도로 이루어지는 시기로 이 시기를 제1성장 급등기(first growth spurt)라고 부른다. 그러나 영아기를 지나가면 성장은 점차적으로 느려지고 제2성장 급등기(second growth spurt)인 사춘기를 맞을 때까지 점진적인 성장을 보인다. 출생 시 처음 3~3.5kg이었던 체중은 생후 1년이 되면 출생 시의 3배 정도에 도달한다. 출생 시에 50cm정도이던 키는 생후 1년이 되면 출생 시의 약 1.5배 정도로 증가한다.

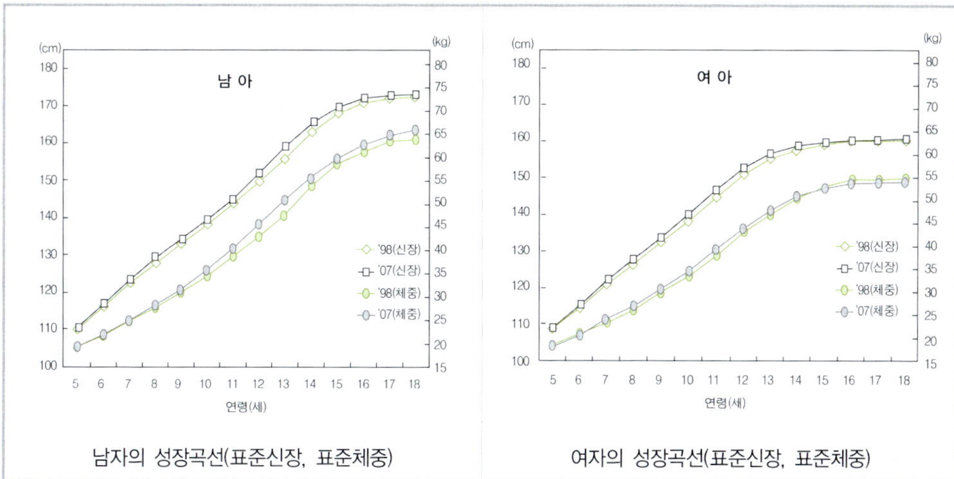

❙그림 1-2❙ 1998년과 2007년 소아 청소년 성장곡선 비교표

출처 : 질병관리본부 홈페이지(http://www.cdc.go.kr).

- 초기 영아기의 대단히 빠른 성장속도는 이후 3년 동안 완만해진다.
- 영유아기의 키는 매년 평균 5~7cm 정도 자라고 몸무게는 평균 2~3kg씩 증가한다.
- 신장은 체중에 비해 그 속도가 느려 만 5세가 되면 키는 출생 시 신장의 약 2배인 110cm 정도가 되고, 몸무게는 출생 시의 5.4배 정도인 19kg 정도가 된다.
- 키와 몸무게에서의 남녀 차이는 거의 없으나 남아들이 여아들보다 키가 약간 더 크고 몸무게 역시 약간 더 무거운데 이러한 차이는 사춘기까지 지속된다.
- 영유아기의 성장패턴은 개인차가 있으며 이러한 차이는 유전적인 요인과 환경적인 경험에 의해 결정된다.
- 영유아들의 키와 몸무게를 연구한 결과들에 의하면 키 차이에 가장 많은 영향을 주는 두 요인은 인종과 영양이라고 한다.

무엇보다도 영유아기에 건강을 유지하고 골격의 성장을 촉진하기 위해서는 균형 잡힌 식사를 해야 하는데, 특히 칼슘과 무기질, 철분, 비타민, 단백질 등의 섭취를 늘려야 하며 여러 가지 식품을 골고루 섭취할 수 있도록 해야 한다.

〈표 1-1〉 2007년 소아·청소년 표준 성장도표 – 체중, 신장, 머리둘레

남아			연령	여아		
체중(kg)	신장(cm)	머리둘레 (cm)		체중(kg)	신장(cm)	머리둘레 (cm)
3.41	50.12	34.70	출생 시	3.29	49.35	34.05
5.68	57.70	38.30	1~2개월	5.37	56.65	37.52
6.45	60.90	39.85	2~3개월	6.08	59.76	39.02
7.04	63.47	41.05	3~4개월	6.64	62.28	40.18
7.54	65.65	42.02	4~5개월	7.10	64.42	41.12
7.97	67.56	42.83	5~6개월	7.51	66.31	41.90
8.36	69.27	43.51	6~7개월	7.88	68.01	42.57
8.71	70.83	44.11	7~8개월	8.21	69.56	43.15
9.04	72.26	44.63	8~9개월	8.52	70.99	43.66
9.34	73.60	45.09	9~10개월	8.81	72.33	44.12
9.63	74.85	45.51	10~11개월	9.09	73.58	44.53
9.90	76.03	45.88	11~12개월	9.35	74.76	44.89
10.41	78.22	46.53	12~15개월	9.84	76.96	45.54
11.10	81.15	47.32	15~18개월	10.51	79.91	46.32
11.74	83.77	47.94	18~21개월	11.13	82.55	46.95
12.33	86.15	48.45	21~24개월	11.70	84.97	47.46
13.14	89.38	49.06	2~2.5세	12.50	88.21	48.08
14.04	93.13	49.66	2.5~3세	13.42	91.93	48.71
14.92	96.70	50.10	3~3.5세	14.32	95.56	49.18
15.91	100.30	50.43	3.5~4세	15.28	99.20	49.54
16.97	103.80	50.68	4~4.5세	16.30	102.73	49.82
18.07	107.20	50.86	4.5~5세	17.35	106.14	50.04
19.22	110.47	51.00	5~5.5세	18.44	109.40	50.21
20.39	113.62	51.10	5.5~6세	19.57	112.51	50.34
21.60	116.64	51.17	6~6.5세	20.73	115.47	50.44
22.85	119.54	51.21	6.5~7세	21.95	118.31	50.51
24.84	123.71		7~8세	23.92	122.39	
27.81	129.05		8~9세	26.93	127.76	
31.32	134.21		9~10세	30.52	133.49	
35.50	139.43		10~11세	34.69	139.90	
40.30	145.26		11~12세	39.24	146.71	
45.48	151.81		12~13세	43.79	152.67	

출처 : 질병관리본부 홈페이지(http://www.cdc.go.kr).

2) 두위와 흉위

- 출생 시의 머리 둘레는 약 34cm로 가슴둘레 32cm보다 약간 크다.
- 두위는 처음 1년간은 약 12cm 정도 증가하여 1세경에는 46cm 정도가 되며 4세쯤 되면 성인의 90%에 달하여 50cm 정도 된다.
- 흉위는 출생 시 두위보다 작지만 생후 6개월쯤 되면 머리둘레와 가슴둘레가 비슷해지다가 생후 1년 정도 되면 가슴둘레가 머리둘레보다 커진다. 10~11세경이 되면 출생 시의 2배가량 된다.
- 출생 시 머리가 몸에 비해 상대적으로 크기는 하지만 점차 팔다리가 길어지고 체지방이 계속적으로 감소하면서 몸통이 가늘어지는 등 신체 비율이 달라진다.

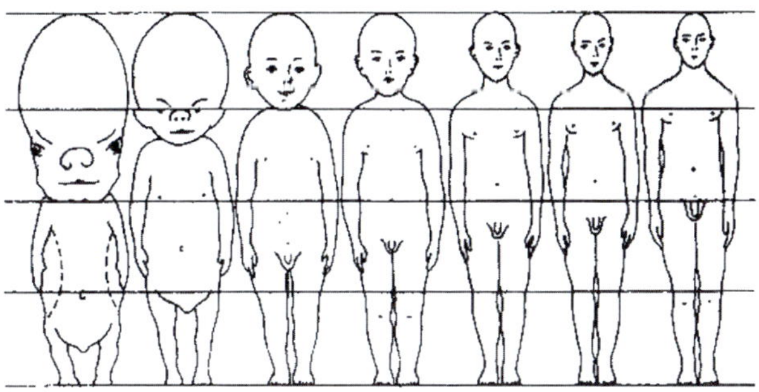

그림 1-3 성장과정 동안의 신체비율

출처 : Muzi, M. J.(2000). Child development. Prentice-Hall.

3) 치아 발달

- 치아는 유치와 영구치가 있으며 완성된 유치의 수는 20개이고, 영구치는 32개이다.
- 유치는 태아기부터 턱 속에 형성되어 있다가 대략 출생 후 6개월 이후부터 나오기 시작한다.
- 일반적으로 여아보다도 남아에게서 더 큰 차이가 발생되나 대부분 생후 6~8개월경에는 제1유치가 생겨난다.
- 맨 처음에는 아래쪽 가운데 앞니 2개가 먼저 나오며 2세 반경에는 20개의 유치가 모두 나온다.

유치가 나오는 순서는 다음과 같다.

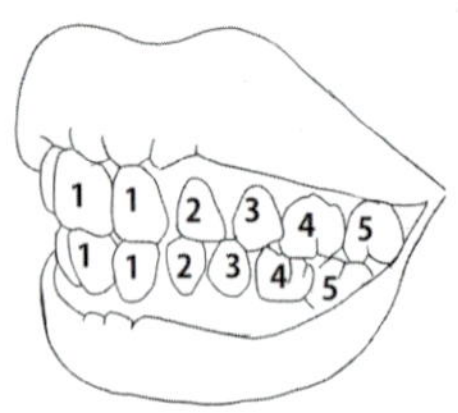

윗니		아랫니	
1 : 앞니	8~12개월	1 : 앞니	6~10개월
2 : 작은 앞니	9~13개월	2 : 작은 앞니	10~16개월
3 : 송곳니	16~22개월	3 : 송곳니	17~23개월
4 : 작은 어금니	13~19개월	4 : 작은 어금니	14~18개월
5 : 큰 어금니	25~33개월	5 : 큰 어금니	23~31개월

|그림 1-4| 유치 나오는 순서

- 유치 밑에는 32개의 영구치의 싹들이 자리 잡고 있고 약 6세경에는 유치가 빠지기 시작하고 영구치로 대체된다.
- 유치는 조직이 연하며 뿌리가 얕기 때문에 충치가 되기 쉽다.
- 충치는 이가 난 후 바로 생기기 시작하는 경우가 많으므로 적절한 관리를 통해 예방될 수 있다.
- 균형 잡힌 식사와 뼈를 튼튼하게 하는 식품을 골고루 먹어야 하며 식사 후 양치질을 하는 습관을 형성할 수 있도록 해야 한다.

- 어린 시기에 손가락을 빨게 되면 치열이 고르지 않을 뿐만 아니라 치아발달에 나쁜 영향을 주므로 주의를 해야 한다.

4) 골격의 성장

- 성장에 기여하는 주 인자는 골격 길이의 증가이다.
- 영유아의 신체적 성숙 정도를 측정하는 데 가장 좋은 방법은 신체골격의 발달 수준을 나타내는 골격연령(skeletal age)을 이용하는 것이다.
- 골 연령은 키의 성장에 중대한 요소로서 성별, 종족, 영양상태, 여러 가지 질병 상태에 따라 차이가 난다.
- 영아기 때부터 진행된 골격의 변화는 유아기에도 계속되며, 연골 속의 성장 중추가 단단해져서 경골이 된다.
- 뼈의 성장이 완성되면 골단은 점점 가늘어지고 마침내 사라지게 되어 더 이상 성장은 불가능하게 된다.

5) 두뇌 발달

- 뇌는 생의 초기에 아주 급속도로 성장하여 출생 시 신생아 뇌의 무게가 성인 뇌의 약 25%이던 것이 2세가 되면 성인 뇌 무게의 75%에 도달한다.
- 영유아의 대뇌는 신경세포들 사이의 연결이 확립될 때까지 계속해서 성장하여 5세에 성인의 크기에 도달하는 대뇌피질도 더 두꺼워지고 더 많은 주름이 잡힌다.
- 뇌 발달의 중요한 측면 중 하나가 신경세포와 신경세포 간의 연결 부위인 시냅스의 증가이다.
- 시냅스의 생성은 실제로 사용되는 것보다 많이 만들어져 과잉 생성 후 발달과정을 통해 불필요한 것은 사라진다.
- 초기 영아기 동안 대부분 신경세포의 수초화가 이루어지나 소근육 운동의 통제

에 관여하는 신경계의 수초화는 4세경까지 계속된다.

- 인간의 대뇌 구조를 보면 크기나 모양이 같은 좌 · 우의 대칭 형태로 나뉘어 있으며 이 양 반구는 뇌량이라는 신경 섬유 다발로 연결되어 있다.
- 좌뇌와 우뇌는 각기 반대에 있는 몸의 지각과 운동을 담당하고 있다. 좌뇌는 몸의 오른쪽을, 우뇌는 몸의 왼쪽을 맡고 있다. 오른손을 움직일 때는 손과 반대쪽에 있는 좌뇌에서 오른손으로 명령이 내려진다.
- 미국 캘리포니아 공과대학의 Roger Sperry(1968) 박사의 연구에 의하면 인간의 좌뇌 반구와 우뇌 반구는 그 기능이 각기 다른 것으로 밝혀졌다.
- 좌뇌는 언어적, 계열적, 시간적, 논리적, 분석적, 이성적인 기능을 맡고 있다.
- 우뇌는 비언어적, 시공간적, 동시적, 형태적, 직관적, 종합적인 기능을 맡고 있는 것으로 나타났다.
- 좌뇌는 읽기, 쓰기, 말하기, 셈하기와 같은 학교 학습의 기본적인 능력을 관장하여 좌뇌가 발달하면 논리적이며 분석적이 되어서 이성적이며 합리적인 사고를 한다.
- 우뇌는 음악, 그리기, 조각하기, 무용과 같은 예술적인 능력을 관장하여 우뇌가 발달하면 창의적인 사고와 응용력이 형성되어 전체적이며 확산적인 사고를 하게 된다.
- 뇌의 기능이 구분되어 있다고 해서 우반구와 좌반구가 완전히 서로 독립적이라고는 할 수 없다. 좌반구와 우반구를 연결하는 뇌량이 이들 각각의 기능을 통합하는 역할을 한다.
- 영유아기의 뇌는 특정 영역이 손상된 경우 손상된 뇌 기능을 다른 영역에서 대신 수행하거나 회로연결을 재구성하는 등 뇌기능의 재구조화가 일어난다.
- 좌우 반구의 손상이 영유아기에 일어난다면 손상된 부위를 보충하기 위해 자체 내에서 재조직하는 적응능력을 지니고 있으므로 정상적으로 발달을 회복하는 경우도 많다.

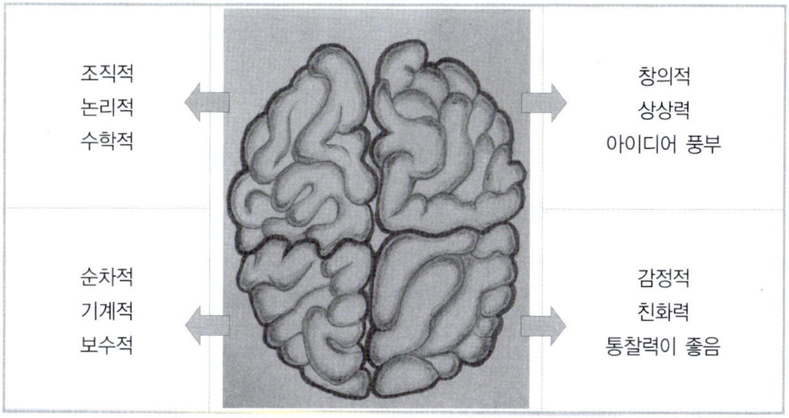

| 그림 1-5 | SBS 스페셜에 소개된 뇌의 기능

6) 심 장

- 심장(heart)은 보통 자기의 주먹만 한 크기로 가슴의 왼쪽에 자리 잡고 있는 근육질로 둘러싸인 혈액을 순환시키는 기관이다.
- 심장은 크게 왼쪽 부분과 오른쪽 부분으로 나뉜다.
- 오른쪽과 왼쪽에는 각각 심방과 심실이 있고(총 4개의 방), 각 부분 사이에는 판막이 있다.
- 무게는 출생 시 25g에서 1년이 지나면 45g이 되고 성인이 되면 약 250~300g 정도가 된다.
- 심장은 인체에 퍼져 있는 총 80,000km(성인 기준) 이상 되는 혈관으로 날마다 쉬지 않고 혈액을 순환시킴으로써 물질대사를 비롯하여 인체가 살아있도록 하는 데에 결정적인 역할을 하고 있다.
- 혈액은 우리 몸을 돌면서 산소 전달, 이산화탄소 흡수, 여러 영양물질을 공급한다.
- 심장이 잘못되면 몸 전체에 아주 치명적인 영향을 미친다.
- 혈액은 심장의 수축과 이완을 통해 한 방향으로 순환하게 된다. 심장의 왼쪽 부

분은 산소와 영양분을 실은 신선한 혈액을 뿜어내는 역할을 하고, 오른쪽 부분은 각 장기를 순환하여 심장으로 들어오는 노폐물과 이산화탄소를 실은 혈액을 폐로 순환시켜 다시 산소를 받아들이게 하는 역할을 한다.

7) 소화기관의 발달

소화기관은 소화 작용을 담당하는 기관으로 소화라는 것은 체내에 받아들인 외부의 물질을 분해·흡수하여 생체 내에서 이용하는 작용을 말한다. 따라서 소화기관 계통은 음식물을 소화시킴으로써 에너지와 영양분을 이끌어 내며 쓸모없는 부분을 내보내는 역할을 한다. 즉, 소화기관은 대사에 필요한 물질을 생체 내에 받아들이는 작용을 하는 장기(臟器)라고 할 수 있으며 입, 식도, 위, 십이지장, 간, 쓸개, 췌장, 소장, 대장, 항문을 말한다.

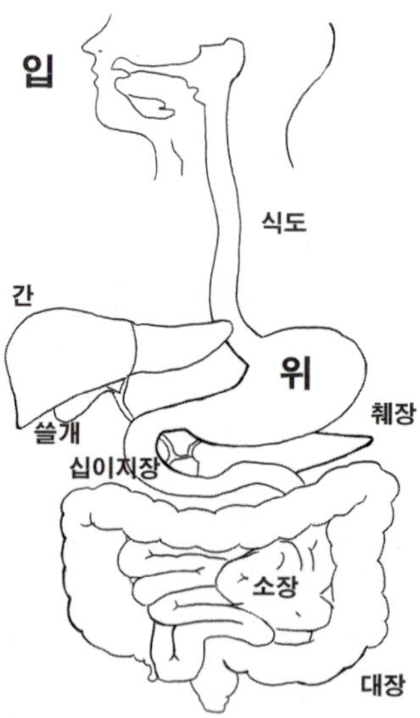

그림 1-6 소화기관

(1) 입(口)

- 입은 식도를 통해서 내장으로 연결되어 있으며 간단한 소화 작용을 할 수 있도록 되어 있다.
- 침샘에서는 소화액인 침이 나오며 소화효소 아밀라아제(amylase)와 프티알린(ptyalin) 등을 함유하고 있다.
- 신생아기에는 타액에 존재하는 전분 분해 효소인 프티알린의 함량이 매우 적지만 4개월경부터 서서히 증가하여 1년경이 되면 성인의 수준에 도달한다.
- 입 속의 이는 음식물을 잘게 씹는 기능을 하며 물리적인 결합을 분해한다.
- 혀는 음식물을 침과 함께 섞으며 음식물을 소화되기 좋게 한다.
- 구강 발달은 음식 섭취 능력과 밀접한 관계가 있다. 태아기 34주가 되면 태아에게는 빠는 능력이 생기고 출생 후 엄마의 젖을 빨고 삼킬 수 있게 된다. 생후 4개월경에는 혀 내밀기 반사가 없어지면서 숟가락을 이용해서 음식을 먹을 수 있으며 7개월경부터는 입안의 음식을 씹을 수 있게 된다. 9개월 정도가 되면 턱과 입술 움직임이 발달하여 컵을 사용할 수 있게 되고, 10개월경부터는 고형음식을 먹을 수 있게 된다.

(2) 위(胃)

- 위는 입에서 식도를 거쳐 보내진 음식물을 소화하는 부분이다.
- 출생 후 신생아의 위 용적은 10~12ml 정도이지만 1개월경에는 약 90ml, 6개월경에는 160ml, 1년경에는 300ml, 2년경에는 600~700ml가 된다.
- 위는 음식물을 일시적으로 저장하기도 하는 주머니 모양의 기관으로서 근육의 수축 운동에 의해 위벽에서 분비되는 위액과 음식물이 잘 섞인다.
- 위에는 위샘이라는 외분비샘이 존재하는데, 주세포에서는 단백질을 소화하는 효소인 펩시노겐이, 부세포에서는 염산이 분비된다. 펩신은 주로 단백질로 구성

된 위벽을 분해할 수도 있기 때문에 분비될 때에는 비활성 상태인 펩시노겐으로 분비되어 염산에 의해 활성화된다.

- 위벽은 강한 산성과 단백질 가수분해 효소의 작용을 방어하기 위하여 굉장히 튼튼하며 뮤신이라는 점액질로 코팅되어 보호된다.
- 신생아의 위는 수축상태에서 굵고 짧은 약간 구부러진 모양을 유지하지만 확장상태에서는 타원형의 통 모양으로 구부러진 경사가 줄어들어 잘 토하게 된다.
- 위식도 역류는 생후 6주 이내 영아에게 매우 흔하게 나타나며, 첫 3개월에는 50%의 영아에서, 몸을 뒤집기 시작하는 생후 4개월에는 67%의 영아에게서 나타난다. 이후 차차 줄어들어 돌이 지나면 5% 정도의 영아에서 반복적인 구토 증상이 나타난다. 하지만 대부분 자연적으로 증상이 없어진다.
- 영아에게 젖을 먹이고 난 뒤에는 트림을 시켜주거나 엎어 뉘어놓는 방법이 역류를 줄일 수 있는 좋은 방법이다.

(3) 십이지장(十二指腸)

- 십이지장은 소장의 앞부분을 말한다.
- 이자에서 생성된 이자액, 십이지장 표면에서 나오는 장액, 간에서 생성된 쓸개즙으로 3대 영양소 모두 소화가 이루어진다.
- 십이지장은 길이가 손가락 12개 두께 정도 된다고 붙여진 이름이지만, 사실은 그것보다 조금 더 길다.

(4) 간(肝)

- 간은 동물의 주요 생체 기관 중 하나로, 대표적으로 해독 작용을 하며 단백질을 합성하고, 양분을 저장하며 쓸개즙, 요소 등을 생성한다.
- 간은 모든 내장 기관 중 가장 크다. 출생 시 150g에서 1세에는 300g, 성인의 경우 1,500g 정도로 어릴수록 체중에 비해 간이 크다.

- 간은 물질대사에서 주요 역할을 담당하며 글리코겐의 저장, 적혈구의 분해, 혈청 단백질의 합성, 호르몬 생산, 해독 작용 등 기타 여러 역할을 한다.
- 간은 지질의 유화로 소화를 돕는 알칼리성의 혼합물인 담즙을 생산한다.
- 간은 소화를 직접 담당하는 기관은 아니지만 지방의 소화 흡수를 돕는 작용을 하며 물질의 저장, 요소·요산 등의 노폐물 생성, 음식물과 함께 흡수된 유독 물질의 해독 작용 등 여러 가지 물질의 합성과 분해가 일어난다.
- 영아의 경우 담즙의 분비가 성인의 50% 정도로 간의 기능이 미숙하고 불완전하여 약간의 이상이 있어도 간 기능이 떨어진다.

(5) 소장(小腸)

- 소장은 위와 대장 사이에 위치한 소화기관이다.
- 영양소의 소화 흡수에 가장 중요한 장기인 소장은 소화 작용으로 만들어진 영양분을 소장 내부의 돌출된 융기를 통해 혈액내부로 확산, 전달한다.
- 장의 길이는 성인의 경우 자신의 키 4~5배이나 영아는 자신의 키 6배로 상대적으로 길이는 길지만 음식의 장내 통과 시간은 성인보다 짧다.
- 소장 길이는 대장보다 4~5배 길지만 굵기는 평균 7.6cm인 대장에 비해 2.5~3cm로 훨씬 가늘다.
- 소장 내면의 점막에는 윤상으로 뻗어 있는 수많은 주름이 있고 그 표면에 융모라고 하는 것이 있는데, 이 융모 사이로 장선이 열려 있어 장액을 이곳으로 분비한다.
- 위액에 의해 암죽처럼 된 음식물은 소장을 통과하는 사이에 소장 벽에서 분비되는 장액, 간에서 만들어지는 쓸개즙, 이자에서 나오는 이자액 등과 혼합된다.
- 신생아의 소상에는 췌상 리파아세의 함량이 적고 담즙산이 적어 지방의 흡수력이 떨어지지만 구강 리파아제의 기능이 활발하여 이를 보완하고 있으며, 모유에는 담즙염을 자극하는 리파아제가 있어 우유지방에 비해 지방 흡수가 잘 된다.

(6) 대장(大腸)

- 대장은 척추동물의 소화기관계에서 마지막 기관이다.
- 큰창자라고도 한다.
- 대장의 역할은 주로 소화 불가능한 음식물 찌꺼기로부터 수분과 비타민의 일부, 쓸개즙염, 빌리루빈 등을 흡수하고 찌꺼기를 보관하고 있다가 몸 밖으로 배출하는 것이다.
- 성인의 대장은 전체 1.5m 정도의 길이를 지닌다.
- 대장 내에서 음식물은 12~25시간을 보내게 되며 더 이상의 소화는 이루어지지 않는다.
- 정상 분만으로 출생한 모유 수유 영아의 대장에는 여러 종류의 균이 출생 직후 발견되지만 대부분 1주일 안에 비피더스균으로 대치된다.
- 비피더스균은 장내에서 초산을 생산해 내는 pH를 낮춤으로써 병원성 세균이 장벽에 붙어 번식하는 것을 억제하는 정균작용을 한다.
- 장의 균은 소화되지 않은 음식물을 대사하고 식품을 통해 들어오는 미생물이 장에서 착생하고 생육하는 것을 방해함으로써 숙주를 감염으로부터 보호하는 역할을 한다.

(7) 항문(肛門)

- 항문은 해부학적으로 직장(直腸) 바깥의 개구부이다.
- 괄약근으로 제어되며 표면은 점막으로 감싸져 있고 안쪽 항문 괄약근과 바깥쪽 항문 괄약근이 있다. 안쪽 항문 괄약근은 불수의근이므로 사람의 의사에 따라 움직이지 못하고 언제나 꼭 죄여 있는 상태에 있다. 바깥쪽 항문 괄약근은 수의근이며 사람의 의사에 따라 움직여 배설 등을 할 수 있게 만들어 준다.
- 영아들은 태어나서 처음 보는 태변의 배설을 시작으로 대변을 배설한다.

- 영아의 소화능력은 점차 안정되어 가며 변의 양상과 빈도는 영아에 따라 다양하다. 즉, 하루 동안 변을 보지 않거나 하루 중 여러 번 변을 보아도 문제가 되지 않는다.
- 우유를 먹는 영아는 모유를 먹는 영아에 비해 좀 더 단단하고 많은 양의 변을 하루 1~4회 정도 본다. 2세까지는 하루에 1~7회로 개인차를 보이다가 그 이후 점차 하루 1~2회 정도로 성인과 같은 배변습관을 가지게 된다.
- 일반적으로 대변은 15개월, 소변은 20개월 정도가 되어야 가릴 수 있게 된다.

실제 1-1

1. 영유아 신체발달에 영향을 미치는 요인들에 대해 구체적으로 설명해 보시오.

2. 성장과 발달의 원리에 적절한 실례를 쓰시오.

성장과 발달의 원리	실례 제시 (자신이 직접 경험한 것이나 타인으로부터 전해 들은 이야기 혹은 매체를 통해서 접한 것)
발달의 진행에는 순서와 일정한 방향이 있다.	
발달은 연속적인 과정이지만 발달의 일반적인 속도는 일정하지 않다.	
발달은 유전적 요인과 환경적 요인의 상호작용에 의해 이루어진다.	
발달에는 개인차가 존재한다.	
발달의 각 측면은 서로 밀접하게 상호 관련되어 있다.	
발달에는 결정적 시기가 있다.	

실제 1-2

생활주제	나와 우리 가족		
활동유형	이야기 나누기	활동형태	대그룹
활동명	내 몸이 하는 일이 있어요	대 상	만 4세
학습목표	• 신체 각 부분이 하는 기능에 대해 안다. • 자신의 신체 각 부분의 중요성을 인식하고 보호하는 태도를 기른다.		
누리과정 관련요소	• 자연탐구 – 과학적 탐구하기 – 생명체와 자연환경 알아보기 • 신체운동 · 건강 – 안전하게 생활하기 – 비상시 적절히 대처하기		
교수 · 학습자료	• 나의 몸 ppt, 신비한 우리 몸		
활동과정	교수 · 학습 활동 내용	자 료	
도 입	1. 우리 몸에 대한 수수께끼로 동기유발을 한다. 2. '신비한 우리 몸' 동화를 듣는다.	동화자료	
전 개	3. 파워포인트 자료를 보며 신체 부위의 기능과 중요성에 대해 이야기를 나눈다. – 얼굴에는 무엇이 있니? – 눈은 어떤 일을 하니? – 눈을 한번 감아보자. 눈을 감으니 무엇이 보이니? – 만약 눈이 없다면 어떤 점이 불편하게 될까? (코, 입, 귀 등도 위와 같이 진행한다) – 물건을 잡기 위해서는 몸의 어떤 곳을 이용하니? – 만약 팔은 있는데 손이 없다면 어떻게 될까? (다리도 위와 같이 진행한다) 4. 우리가 튼튼하고 건강하게 잘 지내기 위해서 어떻게 해야 할까?	나의 몸 ppt	
마무리 및 평가	5 우리 몸에 대해 알아보고 어떤 생각이 들었나? 6. 더 알아보고 싶은 점은 무엇인가? 7. 다음 활동 안내하기 – 실외놀이에서 눈 가리고 친구 찾기		
확장활동	• 조형활동 : 입술 찍어 얼굴 꾸미기 • 게임활동 : 내 몸이 하는 일		
유의점	친구 이름과 몸의 부분 명칭을 이야기하는 활동을 포함한다.		

CHAPTER 02

영유아기에 필요한 영양소

1. 영양소의 종류와 기능
2. 기초 식품군

CHAPTER

02 영유아기에 필요한 영양소

인간이 살아가기 위해서는 적절한 영양소가 필요하다. 특히 영유아기는 출생 후 급성장을 하는 시기로 이러한 성장과 유지에 필요한 균형 있는 영양소를 충분히 공급해 주어야 한다.

인체가 필요로 하는 영양소 중 탄수화물, 지방질, 단백질, 비타민, 무기질 등을 기본 5대 영양소라 하며, 물을 영양소로 포함하여 6대 영양소라고도 한다. 영양소는 열량원, 신체조직의 구성 성분과 생리기능의 조절물질로서 중요한 기능을 한다. 체내에서의 기능을 중심으로 분류하면 다음과 같다.

- **열량영양소** : 생명을 유지하기 위한 체내 작용과 체온을 유지하고 활동에 사용되는 에너지를 만드는 영양소를 말하며 탄수화물, 지방질, 단백질 등을 말한다.
- **구성영양소** : 신체의 조직을 구성하는 영양소를 말하며 지방질, 단백질, 무기질, 물 등을 말한다.
- **조절영양소** : 체내에서 일어나는 각종 기능을 조절하고 정상적으로 유지시키는 영양소를 말하며 단백질, 무기질, 비타민 등을 말한다.

이 장에서는 영유아의 영양관리를 위하여 인간에게 필요한 여섯 가지 영양소의 종류와 기능에 대해서 알아보고 기초 식품군에 대해서도 알아보고자 한다.

1 영양소의 종류와 기능

우리의 몸은 음식물을 섭취하고 이를 소화 흡수하여 음식물에 있는 여러 가지 영양소를 적절하게 사용한다. 성장과 건강 유지에 필요한 영양소의 종류는 약 50여 종이 있는데, 유사한 기능을 하는 영양소끼리 크게 나누어 탄수화물, 지방질, 단백질, 무기질, 비타민, 물로 구분해 볼 수 있다. 인간에게 필요한 위 여섯 가지 영양소에 대해 구체적으로 살펴보면 다음과 같다.

1) **탄수화물**(Carbohydrate, **당질**)

- 탄수화물은 신체에 열량을 공급해 주는 성분이다.
- 사람이나 동물의 몸에서는 합성이 되지 않는 영양성분으로 식물의 엽록소에서 광합성에 의해 생긴다.
- 탄수화물의 종류에는 단당류, 이당류, 다당류가 있다.
- 우리 몸에서 주 에너지원으로 작용하여 1g이 4kcal의 에너지를 내게 된다.
- 섬유질을 공급하여 장운동을 돕는다.
- 성적 성숙과 성장을 위해 필수적인 영양소이며, 체내에서 단백질과 핵산 대사에 중요한 역할을 한다.
- 결핍 시 피로, 체력저하를 일으키며 과잉 시에는 비만이 생길 수 있다.
- 급원 식품으로는 밥, 라면, 국수, 감자류 등이 있다.
- 탄수화물의 1일 권장량은 총 섭취 열량의 60~65% 정도이다.

〈표 2-1〉 영·유아기 및 학령기 탄수화물과 식이섬유의 섭취 기준

연 령	체중 (kg)	탄수화물 (g)		식이섬유 (g)	
		권장 섭취량	충분 섭취량	권장 섭취량	충분 섭취량
영아 0~5(개월)	6.2		60		
6~11	8.9		90		
유아 1~2(세)	12.5				10
3~5	17.4				15
남자 6~8(세)	26.5				20
9~11	38.2				20
여자 6~8(세)	25.0				20
9~11	35.7				20

출처 : 한국영양학회(2015). 2015 한국인 영양소 섭취기준.

2) 지방질(Lipid, 지질)

- 에너지원으로 1g당 9kcal의 열량을 공급해 준다.
- 지용성 비타민의 운반과 흡수를 돕는다.
- 성장과 피부 건강에 관여하는 중요한 영양소인 필수지방산의 공급원이다.
- 뇌, 신경조직, 간, 피하조직 등 신체 구성성분이다.
- 체내에서 사용하고 남은 에너지는 저장되었다가 필요한 경우 에너지로 사용된다.
- 피하지방은 체온의 상실을 방지하고 외부에서 오는 충격으로부터 내장 등 여러 장기를 보호하는 역할을 한다.
- 동물성 지방보다는 식물성 지방을 사용하는 것이 좋다.
- 동물성 식품에만 들어 있는 콜레스테롤은 뇌와 신경조직을 구성하는 성분이며 지방의 소화에 반드시 필요한 담즙산이나 호르몬 등을 합성하는 중요한 역할을 한다. 또한 태양광선의 도움으로 피하에서 비타민 D를 합성한다.

- 지방산의 종류에 따라 포화지방, 불포화지방, 트랜스지방 등이 있다.
- 과잉 시 생기는 병으로는 동맥경화증, 심장병 등이 있다.
- 급원 식품으로는
  - 식물성 지방 : 식용유지(콩기름, 옥수수기름, 들기름, 참기름 등)와 일부의 과일(아보카도, 올리브 등)에 함유되어 있다.
  - 동물성 지방 : 육류, 어류, 조류, 우유, 유제품, 달걀 등이 있다.
- 지방의 1일 권장량은 총 섭취 열량의 20%이다.

〈표 2-2〉 영·유아기 및 학령기 지방의 섭취 기준

연 령	체중 (kg)	지방 (g)	
		권장 섭취량	충분 섭취량
영아 0~5(개월)	6.2		25
6~11	8.9		25
유아 1~2(세)	12.5		
3~5	17.4		
남자 6~8(세)	26.5		
9~11	38.2		
여자 6~8(세)	25.0		
9~11	35.7		

출처 : 한국영양학회(2015). 2015 한국인 영양소 섭취기준.

3) 단백질(Protein)

- 열량을 낼 수 있는 영양소로서 1g당 4kcal의 열량을 발생시킨다.
- 단백질은 체내에서 조직을 합성한다.
- 신체의 성장 및 생명 유지에 필요한 많은 종류의 효소를 구성하여 유기촉매제로서 대사에 참여한다.

- 질병에 대항하는 항체는 단백질로 이루어져 있어, 단백질은 외부에서 들어오는 이물질에 대해 저항할 수 있는 면역(免疫)을 담당하는 물질이다.
- 탄수화물 및 지방질의 섭취량이 적을 경우에는 단백질이 체구성 성분으로 쓰이기보다는 에너지원으로서 이용된다.
- 만약 에너지 섭취량이 부족하게 되면 단백질은 에너지원으로 쓰이게 되어 신체조직의 소모가 일어날 수 있다.
- 단백질은 혈관벽을 구성하는 주요 성분으로, 부족하면 혈압유지도 어렵고 온몸의 조직이 쇠약해져서 조혈 작용도 떨어지고 피로와 빈혈을 일으키는 원인이 된다.
- 단백질은 아미노산으로 구성되어 있으며 단백질의 영양가는 그 속에 함유되는 아미노산의 종류와 양에 의하여 정해진다.
- 단백질이 부족하게 되면 영유아의 경우 정상적인 성장과 발달이 저해되고, 피로, 빈혈 등의 현상이 나타날 수 있다.
- 영유아기의 급속한 성장에 필요한 영양의 섭취가 부족할 때 단백질 결핍증인 '콰시오커(Kwachiorkor)'라는 질병에 걸리거나, 단백질과 열량이 동시에 부족한 경우 '마라스무스(Marasmus)'와 같은 증세도 나타난다.
- 상처가 나거나 출혈로 인해 손상된 조직을 다시 형성하는 데도 단백질이 중요한 역할을 하므로 영유아시기의 단백질의 섭취는 매우 중요하다.
- 결핍 시 생기는 병으로는 영유아의 경우 정상적인 성장과 발달이 저해되고, 피로, 빈혈 등의 현상, 동맥경화증, 심장병 등이 있다.
- 급원 식품으로는 육류, 어패류, 난류, 우유와 두류, 견과류, 곡류 등이 있다.
- 1일 권장량은 총 섭취 열량의 15%이다.

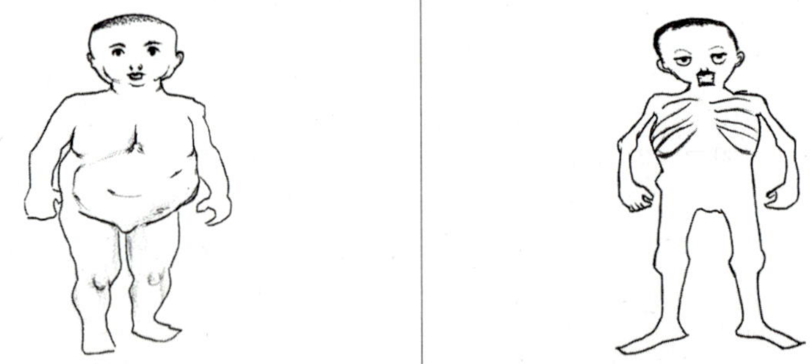

콰시오커	마라스무스
- 주로 단백질 부족으로 발생 - 소화흡수가 제대로 이루어지지 않음 - 피부염이나 상처가 잘 아물지 않음 - 머리카락이 붉어지고 빠지기 쉬움	- 심각한 영양부족으로 발생 - 엉덩이 주변의 피부가 건조하고 손실 - 모발이 착색되거나 착색되지 않은 머리카락층 보임

그림 2-1 콰시오커와 마라스무스

출처 : 보건복지부 · 한국영양학회 · 식품의약품안전청(2010). 한국인 영양섭취기준.

〈표 2-3〉 영 · 유아기 및 학령기 단백질의 섭취 기준

연 령	체중 (kg)	단백질 (g)	
		권장 섭취량	충분 섭취량
영아 0~5(개월)	6.2		10
6~11	8.9	15	
유아 1~2(세)	12.5	15	
3~5	17.4	20	
남자 6~8(세)	26.5	30	
9~11	38.2	40	
여자 6~8(세)	25.0	25	
9~11	35.7	40	

출처 : 한국영양학회(2015). 2015 한국인 영양소 섭취기준.

4) 무기질(Mineral)

- 무기질은 일반적으로 체중의 4%를 차지하는데, 하루의 필요량에 따라 다량무기질과 미량무기질로 구분한다.
- 다량무기질에는 칼슘(Ca), 인(P), 마그네슘(Mg), 나트륨(Na), 칼륨(K), 염소(Cl), 황(S) 등이 있고 미량무기질에는 철(Fe), 요오드(I), 불소(F), 아연(Zn), 셀레늄(Se), 구리(Cu), 크롬(Cr), 망간(Mn), 비소(As), 니켈(Ni) 등이 있다.
- 무기질은 체내에서 적절한 pH를 유지할 수 있도록 산과 염기의 균형을 조절한다.
- 신체의 골격과 구조를 이루는 구성요소이다.
- 호르몬과 효소의 구성 성분이다.
- 나트륨과 칼륨 같은 무기질의 균형에 의해 신체 내 체액의 균형을 조절한다.
- 인이나 마그네슘, 칼륨과 같은 무기질은 에너지를 내는 반응을 활성화시키는 촉매작용을 한다.
- 성장발육 및 조직의 구성과 생체기능의 조절을 담당하는 중요한 물질이다.
- 매 식사 때 무기질 공급이 중요하다.

(1) 칼슘(Ca)

- 칼슘은 골격과 치아 형성, 혈액 응고, 근육의 수축이완작용, 신경의 전달 기능을 갖고 있으며, 무기질 중 체내에 가장 많이 들어 있다.
- 체중의 약 2%를 차지하며, 이 중의 99%는 뼈와 치아의 석회화에 참여하고, 나머지 1%는 체액에 이온 상태로 존재하면서 근육 수축, 혈액 응고를 돕는다.
- 칼슘의 흡수율은 영유아기에 80%로 가장 높고, 성인은 10~30%로 흡수율이 낮아진다.
- 신생아는 출생 시 비타민 D를 가지고 태어나지만 생후 9개월부터는 칼슘 흡수를 위하여 비타민 D의 섭취에 주의를 기울여야 한다.

- 결핍 시 생기는 병에는 구루병, 골연화증, 골다공증 악화, 신경과민, 설사 등이 있다.
- 급원 식품으로는 우유 및 유제품, 뼈째 먹는 생선, 해조류, 녹색 채소 등이 있다.

(2) 철(Fe)

- 철은 체내에서 산소의 운반과 저장 역할을 하며 에너지의 생산에 필요한 효소의 구성성분으로 헤모글로빈을 만드는 데 필수적인 무기질이다.
- 철은 골수에서의 조혈작용, 뇌의 신경전달 물질이나 콜라겐의 합성에 작용한다.
- 철은 십이지장과 회장 상부에서 흡수되지만 흡수율이 낮기 때문에 결핍되기 쉽다.
- 비타민 C를 섭취하면 식물성 식품의 철 흡수율이 높아진다.
- 일단 흡수된 철은 혈액의 손실이 있는 경우 외에는 우리 몸에서 재사용되며 배설되지 않는다.
- 신생아가 출생할 때는 철분을 간에 저장하고 태어나나 생후 6개월 정도가 되면 철분을 다 사용하게 된다. 따라서 이유를 통한 철분을 충분히 공급해 주어 영아 빈혈을 예방하여야 한다.
- 뼈와 치아의 형성, 신경 자극 전달 물질, 호르몬의 구성 성분, 체액의 산·염기 평형과 수분 평형 조절 등으로 쓰인다.
- 헤모글로빈의 합성과 골격근육의 미오글로빈(myoglobin) 합성을 위한 활동을 한다.
- 결핍 시 생기는 병으로는 빈혈, 피로, 변비, 면역기능 약화로 인한 감염, 소화불량 등이 있다.
- 급원 식품으로는 쇠간, 쇠고기, 굴, 계란, 완두콩, 시금치, 검정콩 등이 있다.

(3) 요오드(I)

- 갑상호르몬의 구성 성분이다.
- 생후 3~4개월 후에 요오드가 결핍될 경우 크레틴병에 걸린다. 우리나라는 해조

류와 생선류를 즐겨 먹기 때문에 흔치 않은 병이다.

- 급원 식품으로는 해조류, 생선류 등이 있다.

(4) 아연(Zn)

- 성적 성숙과 성장을 위해 필수적인 영양소, 체내에서 단백질과 핵산 대사에 중요한 역할을 한다.
- 결핍 시 생기는 병으로는 성장부진, 왜소증, 생식기 부전증 및 면역기능 저하 등이 있다.
- 급원 식품으로는 굴, 명태류, 고기, 달걀, 정제되지 않은 곡류 등이 있다.

(5) 마그네슘(Mg)

- 탄수화물, 단백질, 지방질 대사와 합성과정에 관여하는 영양소로 칼슘, 인과 함께 뼈의 대사에 중요한 역할을 한다.
- 인체 내 마그네슘의 60%는 뼈와 치아에, 26% 정도는 근육 내에, 그리고 그 나머지는 연조직과 체액 속에 있다.
- 마그네슘은 골격과 치아의 구성요소 그리고 효소의 구성성분의 기능을 갖고 있다.
- 세포와 관절 주위에 칼슘이 과도하게 축적되는 것을 방지하는 강력한 칼슘 차단제이다.
- 세포 대사에 가장 핵심적인 미네랄이므로 세포의 대사율이 높을수록 마그네슘의 요구량도 높다.
- 여러 효소의 활성에 필요하여 에너지생성, 체온과 혈압조절, 신경의 흥분, 근육의 수축 등의 생리작용에 관여한다.
- 신경을 안정시키는 데 도움이 되며, 불안이 가중된 사람들의 정신 집중을 향상시킨다.
- 스트레스로 손실되기 쉬운 미네랄이다.

- 결핍 시 생기는 병으로는 근육 경련, 얼굴 경련, 저하된 수면의 질, 만성 통증 등이 있다.
- 급원 식품으로는 식물색소인 엽록소의 구성 원소로서 채소에 많이 들어 있으며, 두부와 콩류, 견과류, 씨앗류, 알곡 등에 함유되어 있다.

(6) 나트륨(Na)

- 나트륨은 혈액에 주로 존재하며, 체액의 양과 삼투압을 조절하는 중요한 무기질이다.
- 삼투압 조절을 통해 몸속의 수분량을 조절하고 신체평형을 일정하게 유지시켜 주는 역할을 한다.
- 나트륨은 근육에 신경자극을 전달함으로써 정상적인 근육운동이 가능할 수 있도록 하며, 영양소 흡수와 수송의 기능을 담당한다.
- 우리 몸에서 필요로 하는 양보다 훨씬 많은 양의 나트륨을 섭취하면 이것을 희석시키기 위해 수분을 많이 보유하게 되므로 고혈압이 되기 쉽다.
- 과도한 나트륨섭취는 신장에서 나트륨 배설에 무리를 주어 신장질환을 일으키게 되며, 사람 몸에 있는 칼슘을 배설시키고, 칼슘배설이 많아지면 뼈에서 칼슘을 빼내어 골다공증을 유발할 수 있다.
- 영유아기부터 음식물을 짜지 않게 섭취하도록 식염을 다량 포함하고 있는 식품의 사용을 줄여야 한다.
- 과잉 시 생기는 병으로는 고혈압은 심부전, 관상동맥 질환, 협심증, 심근경색 등 심장 질환을 유발하며, 당뇨병과 뇌졸중의 원인이 된다.
- 결핍 시 생기는 병으로는 무력감, 식욕부진, 탈수, 근육경련, 위궤양 등이 있다.
- 급원 식품으로는 소금, 간장, 절인 육류, 피클, 가공 치즈 등이 있다.

(7) 칼륨(K)

- 칼륨은 나트륨과 함께 신경 및 근육세포의 흥분과 자극전달을 조절하여 근육의 수축과 이완을 조절하는 역할을 한다.
- 세포의 수분평형과 삼투압 조절에 관여하며, 산과 알칼리 평형에도 관여하는 등 매우 다양한 기능을 갖고 있다.
- 대부분의 식품에 널리 분포되어 있어서 결핍증이 거의 나타나지 않는다.
- 급원 식품으로는 육류, 우유, 채소와 과일, 전곡 등 대부분의 식품에 널리 분포되어 있다.

〈표 2-4〉 **영·유아기 및 학령기 무기질의 영양섭취 기준**

연 령	칼슘 (mg)		철 (mg)		요오드 (μg)		아연 (mg)		마그네슘 (mg)		나트륨 (mg)		칼륨 (mg)	
	권장 섭취량	충분 섭취량	권장 섭취량	충분 섭취량	권장 섭취량	충분 섭취량	권장 섭취량	충분 섭취량	권장 섭취량	충분 섭취량	권장 섭취량	충분 섭취량	권장 섭취량	충분 섭취량
영아 0~5(개월)		210		0.3		130		2		30		120		400
6~11		300	6			170	3			55		370		700
유아 1~2(세)	500		6		80		3		80			900		2,000
3~5	600		6		90		4		100			1,000		2,300
남자 6~8(세)	700		9		100		6		160			1,200		2,600
9~11	800		10		110		8		230			1,400		3,000
여자 6~8(세)	700		8		100		5		150			1,200		2,600
9~11	800		10		110		8		210			1,400		3,000

출처 : 한국영양학회(2015). 2015 한국인 영양소 섭취기준.

5) 비타민(Vitamin)

비타민은 신체조직의 기능과 성장 및 유지를 위해서 아주 적은 양이 필요하지만 꼭 공급되어야 하는 필수 영양소로 직접 에너지를 공급하지는 않지만 탄수화물이나 지방, 단백질이 에너지를 만들어 내는 과정에서 꼭 필요하다.

(1) 비타민의 분류

비타민은 물에 녹지 않고 지방에 녹는 지용성 비타민 A, D, E, K와 물에 녹는 수용성 비타민 C, 비타민 B_1, 비타민 B_2, 나이아신(niacin), 비타민 B_6, 엽산(folate), 비타민 B_{12}로 구분한다. 지용성 비타민은 보통 식품 내에 지방질과 같이 공존하고 있으며, 체내에 흡수될 때도 같이 흡수된다. 따라서 녹황색 채소를 조리할 때 기름을 사용하면 비타민 A의 기능을 하는 카로틴의 체내 흡수를 도와줄 수 있다. 수용성 비타민은 필요량 이상 섭취하면 체내에 저장되지 않고 소변으로 배설된다. 따라서 매일 필요량을 공급해 주어야 하며 그렇지 못할 경우 결핍증세가 빨리 나타난다.

① 지용성 비타민

가. 비타민 A

- 비타민 A는 주로 동물성 식품에 많이 있으며, 식물성 식품에는 카로티노이드(carotenoid)라고 하는 색소물질들이 들어 있는데 이들은 신체 세포에 의하여 비타민 A로 전환될 수 있는 비타민 A 전구체들이다.
- 점액을 분비하여 세포막의 건강을 유지하며 성장과 발달에 관여하고 항암효과가 있다.
- 결핍 시 생기는 병으로는 뉴골과 턱에 이상, 성장지연, 시력감퇴, 야맹증, 결막 건조증, 각막 연화증 등이 있다.
- 급원 식품으로는 간과 생선 간유, 달걀, 마가린과, 당근, 시금치, 호박, 깻잎, 토마토 등의 주로 진한 녹색, 주홍색을 띤 채소와 과일 등이 있다.

나. 비타민 D

- 골격에 적절한 칼슘과 인의 축적이 없으면 골격의 석회질화가 어려워져서 골격이 약하고 체중의 압력에 다리가 휘게 되는데, 비타민 D는 골격과 치아의 형성에 필요한 칼슘과 인의 흡수를 돕는다.
- 비타민 D는 호르몬처럼 작용하는데, 우리가 식품을 통해 섭취하였거나 또는 피부에서 합성된 비타민 D는 그대로 기능을 하는 것이 아니라 간, 또는 신장에서 활성 대사물질(active metabolite)로 먼저 전환된 다음에야 기능을 할 수 있다.
- 비타민 D는 모든 사람들이 반드시 식사를 통하여 먹어야만 하는 물질이 아니라, 성장기 또는 임신, 수유기에 있지 않은 보통 사람들이 일상생활 가운데 태양광선을 충분히 쬐면 그들의 피부에서 필요한 만큼의 양을 만들 수 있다.
- 여름 햇빛 정도의 자외선을 얼굴과 손에 약 10분 정도 쪼이면 비타민 D가 체내에서 합성된다. 만일 햇빛을 못 보는 사람이라면 반드시 비타민 D를 섭취해야 한다.
- 가장 많이 알려진 비타민 D 결핍증은 구루병으로 주로 어린이에게서 발생한다. 머리, 관절, 늑골관이 커지고, 골반이 변형되고, 다리가 휜다.
- 6개월 이전 모유를 먹인 아기와 노인이 햇볕을 충분히 쪼이지 않는다면 비타민 D 급원 식품을 섭취해야 한다.
- 결핍 시 생기는 병으로는 과도하면 체내에 축적되지만, 부족할 시 구루병, 섬유근육통, 다발성 경화증 등이 있다.
- 급원 식품으로는 생선의 간유, 난황, 간유, 버섯, 효모, 태양광선 등이 있다.

다. 비타민 E

- 비타민 E는 식물성 식품에 존재하며 비타민 C와 함께 항산화제의 역할을 한다.
- 다른 지용성 비타민과 마찬가지 형태로 혈액에서 운반된다.
- 지방산이 많은 세포막 같은 곳에 집결되어 있으며 항산화 역할을 담당하여 세포막이 산화되어 파괴되는 것을 막아 보호해 준다.

- 결핍증을 찾아보기는 힘들지만 특히 조숙아, 미숙아인 경우에 적혈구막이 터지는 용혈성 빈혈이 발생할 가능성이 있으며, 한 큰 스푼의 식물성 기름은 하루 필요한 비타민 E를 충분히 공급해 준다.
- 결핍 증상으로는 생식불능, 근 위축증, 신경질환, 빈혈, 간의 괴사 등이 나타날 수 있다.
- 급원 식품으로는 식물성 기름(콩, 옥수수, 목화씨, 해바라기씨 기름 등)과 마가린과 쇼트닝, 식물의 열매와 씨눈 등이 있다.

라. 비타민 K

- 비타민 K는 혈액의 응고요인을 합성하는 데 필수 영양소다.
- 혈장, 뼈, 신장에서 발견되는 단백질의 합성과 필요한 골격 형성에서 칼슘을 결합시키는 데 필수 영양소이다.
- 장내 세균에 의해서 어느 정도 합성이 가능하다.
- 혈액 응고에 필요한 프로트롬빈을 합성하는 역할을 하며, 장내 세균에 의해 합성된다.
- 결핍 시 생기는 병으로는 혈액 응고 지연 등이 있다.
- 급원 식품으로는 간, 녹색채소 잎사귀, 브로콜리, 완두콩, 녹색콩 등이 있다.

〈표 2-5〉 영·유아기 및 학령기 지용성 비타민의 영양섭취기준

연 령	비타민 A (μg RE)		비타민 D (μg)		비타민 E (mg α-TE)		비타민 K (μg)	
	권장 섭취량	충분 섭취량	권장 섭취량	충분 섭취량	권장 섭취량	충분 섭취량	권장 섭취량	충분 섭취량
영아 0~5(개월)		350		5		3		4
6~11		450		5		4		7
유아 1~2(세)	300			5		5		25
3~5	350			5		6		30
남자 6~8(세)	450			5		7		45
9~11	600			5		9		55
여자 6~8(세)	400			5		7		45
9~11	550			5		9		55

출처 : 한국영양학회(2015). 2015 한국인 영양소 섭취기준.

② 수용성 비타민

가. 비타민 C

- 비타민 C는 골격과 혈관을 튼튼하게 하는 결체조직의 콜라겐을 합성하여 조직을 강하게 하며, 철이 잘 흡수되도록 돕고, 면역 기능 및 상처 회복에 중요한 역할을 한다.
- 괴혈병을 방지하는 물질로 콜라겐의 형성에 필수적인 요소이다.
- 비타민 C가 부족하면 혈관의 결체조직이 약해져서 잘 터지게 되고, 상처나 화상의 치유가 더디고 뼈와 치아가 단단하게 굳지 않으며 정상적인 콜라겐을 유지할 수 없게 되므로 이로 인한 신체적 변화가 생기게 된다.
- 쉽게 산화되므로 식품의 판매, 가공, 저장 중에 손실되기 쉽다. 장기간 찬 곳에 저장하거나, 장시간 조리하거나, 고온에 식품을 방치하면 손실은 더욱 커지므로 단시간에 조리하고, 식품을 잘게 썰지 않는 것이 좋다.
- 결핍 시 생기는 병으로는 성장지연, 근육이 쇠약해짐, 정신불안증, 관절이 부음 등이 있다.
- 급원 식품으로는 풋고추, 고추 잎, 피망, 케일, 양배추, 시금치 등의 채소와 키위, 오렌지, 딸기, 토마토 등 과일이 있다.

나. 비타민 B_1(티아민)

- 티아민은 주로 당질대사와 아미노산이 우리 몸에서 에너지로 사용될 때 반드시 필요하므로 총 에너지 섭취량이 증가할수록 티아민도 함께 증가되어야 한다.
- 신경세포에서도 작용하여 신경자극 전달물질 합성에 관여한다.
- 티아민은 수용성 비타민으로 다량 섭취해도 소변으로 배설된다.
- 결핍 시 생기는 병으로는 각기병, 식욕 감퇴, 소화 장애, 장의 이완, 염산 부족, 두통, 피로감, 우울증, 허약함 등이 있다.

- 급원 식품으로는 이스트, 돼지고기, 간, 파란 콩, 아스파라거스, 땅콩, 버섯과 특히 도정하지 않은 곡류와 모든 곡류의 배아 등이 있다.

다. 비타민 B_2(리보플라빈)

- 당질이나 지방산이 대사되어 에너지를 발생할 때 작용하는 효소의 작용을 돕는 비타민으로 단백질과 결합하여 조효소 형태로 식품에 다양하게 존재한다.
- 지방과 열량 섭취가 높을 때는 리보플라빈 섭취량을 높여야 한다.
- 용해도가 낮고 소장에서 흡수 능력이 제한되어 있으며, 또한 빠른 속도로 소변을 통해 배설되기 때문에 과량 섭취에 의한 독성은 거의 나타나지 않는다.
- 빛을 쪼이면 파괴되므로 우유 같은 것은 유리제품보다는 빛이 통과되지 않는 플라스틱이나 종이팩을 사용하는 것이 더 안전하다.
- 몸속으로 들어온 영양물질을 소화하는 데에 중요한 역할을 한다.
- 결핍 시 생기는 병으로는 구각염, 구순염, 설염, 지루성 피부염, 안구건조증, 안구 충혈, 백내장, 빈혈 등이 있다.
- 급원 식품으로는 간, 쇠고기, 닭고기, 생선, 콩류, 계란, 녹색채소, 버섯과 우유제품 등이 있다.

라. 나이아신

- 나이아신은 전체 물질대사에 필요한 영양소이며, 조효소로 전환되어 생체 내 산화환원반응에 관여한다.
- 신경전달 물질의 생산과 피부의 수분을 유지시켜 주는 일에 참여하며, 혈관을 확장시키고 혈중 콜레스테롤 수치를 저하시키는 일에 관여한다.
- 나이아신은 수용성이지만 열에 강한 비타민이고 조리할 때 손실이 적은 편이다.
- 당질 및 지질 대사에 조효소로 작용하는 비타민이다.
- 결핍 시 생기는 병으로는 결핍 정도에 따라 피부염, 식욕 부진, 구토, 변비, 설사, 위 점막염증, 피로, 불면증, 우울증, 기억상실증 등이 있다.
- 급원 식품으로는 육류, 간, 생선, 콩류, 종실류 등과 강화시킨 빵 등이 있다.

마. 비타민 B6(피리독신)

- 비타민 B 복합체로 단백질과 아미노산 대사에 절대적으로 필요한 영양소이다.
- 단백질을 다량 섭취하면 비타민 B6의 섭취량도 같이 높여서 섭취해야 결핍증이 나타나지 않는다.
- 단백질 이용과 합성에 중추적인 역할, 학령기에는 피리독신 필요량이 증가한다.
- 결핍 시 생기는 병으로는 철분 결핍성 빈혈과 같은 증세와 우울증, 두통, 혼수상태, 경련 등이 있다.
- 급원 식품으로는 생선, 돼지고기, 닭고기, 난류, 동물의 내장, 현미, 대두, 귀리 등이 있다.

바. 엽산

- 아미노산과 핵산의 합성에 필수적인 영양소이며, 특히 유전자를 만드는 핵산인 DNA 복제에 관여하는 효소의 조효소로 세포분열과 성장에 중요하다.

〈표 2-6〉 **영·유아기 및 학령기 수용성 비타민의 영양섭취 기준**

연 령	비타민 C (mg)		티아민 (mg)		리보플라빈 (mg)		니아신 (mg NE)		비타민 B6 (mg)		엽산 (μg DFE)	
	권장 섭취량	충분 섭취량	권장 섭취량	충분 섭취량	권장 섭취량	충분 섭취량	권장 섭취량	충분 섭취량	권장 섭취량	충분 섭취량	권장 섭취량	충분 섭취량
영아 0~5(개월)		35		0.2		0.3		2		0.1		65
6~11		45		0.3		0.4		3		0.3		80
유아 1~2(세)	35		0.5		0.5		6		0.6		150	
3~5	40		0.5		0.6		7		0.7		180	
남자 6~8(세)	55		0.7		0.9		9		0.9		220	
9~11	70		0.9		1.2		12		1.1		300	
여자 6~8(세)	60		0.7		0.8		9		0.9		220	
9~11	80		0.9		1.0		12		1.1		300	

출처 : 한국영양학회(2015). 2015 한국인 영양소 섭취기준.

6) 물(Water)

- **영양소와 노폐물의 운반** : 물은 혈액과 림프액 등과 같은 체액의 중요한 구성 물질이 되며 두 체액조직을 통해 공급된 여러 가지 영양소는 각 세포 및 조직에 운반된다. 또한 신진대사 과정에서 생성된 노폐물인 탄산가스, 암모니아 및 전해질 등을 운반하여 폐, 피부, 신장을 통해 체외로 배출한다.
- **대사과정의 촉매작용** : 타액은 음식이 식도로 부드럽게 잘 통과하도록 하고 소화액은 식품이 효소에 의해 가수분해되도록 돕는 역할을 하여 음식의 소화를 돕는다.
- **체온조절** : 체내에서 과량으로 생성되는 열은 체표면을 통해 호흡 또는 땀으로 기화되어 날아갈 때 많은 열을 동반하여 발산된다.
- **보호작용** : 몸이 외부로부터 충격을 받으면 물은 쿠션 역할을 하여 외부로부터의 갑작스러운 쇼크를 막아준다. 중추신경계도 수분을 함유한 뇌척수액에 잠겨 있어 보호를 받는다.

〈표 2-7〉 **수분 영양섭취 기준**

연 령	성 별	음 식	액 체	총 수분
6~8세	남자	900	900	1,800
	여자	800	900	1,700
9~11세	남자	1,100	1,000	2,100
	여자	1,000	900	1,900

출처 : 한국영양학회(2015). 2015 한국인 영양소 섭취기준.

2 기초 식품군

영양소를 분류하듯이 한국영양학회(2010)에서는 우리가 섭취할 수 있는 식품류를 종류와 영양소 함유량, 기능에 따라 비슷한 것끼리 6가지 식품군으로 구분하여 자전거 바퀴 모양에 섭취 횟수와 분량에 맞추어 바퀴 면적을 배분한 형태로 ❙그림 2−2❙와 <표 2−8>과 같이 식품구성자전거와 식품군별 1인 1회 분량을 제시하였다.

❙그림 2−2❙ 식품구성자전거

출처 : 한국영양학회.

식품구성자전거는 6개의 식품군에 권장식사패턴의 섭취 횟수와 분량에 맞추어 바퀴 면적을 배분한 형태로, 기존의 식품 구성탑보다 다양한 식품 섭취를 통한 균형 잡힌 식사와 수분 섭취의 중요성 그리고 적절한 운동을 통한 비만 예방이라는 기본 개념을 나타냈다. 식품군별 대표식품의 1인 1회 분량을 기준으로 섭취 횟수를 활용하여 개인별 권장섭취패턴을 계획하거나 평가할 수 있다(한국영양학회, 2010).

- 곡류는 매일 2~4회, 고기 · 생선 · 달걀 · 콩류는 매일 3~4회, 채소류는 매 끼니 두 가지 이상, 과일은 매일 1~2개, 우유 · 유제품은 매일 1~2잔을 섭취하고, 유

지·당류는 조리 시 소량 사용할 수 있다.

- 각 개인에 따라 식품의 양과 종류를 조정할 수 있으며, 더 자세한 방법은 권장식사패턴을 이용하면 구체적으로 알 수 있다.

〈표 2-8〉 **식품군별 대표식품의 1인 1회 분량**

식품군	1인 1회 분량
곡 류	밥 1공기(210g), 국수 1대접(건면 100g), 식빵(대) 2쪽(100g), 감자(중) 1개(130g), 시리얼 1접시(40g)*
고기·생선·계란·콩류	육류 1접시(생 60g), 닭고기 1조각(생 60g), 생선 1토막(생 60g), 달걀 1개(60g), 두부 2조각(80g), 콩(20g)
채소류	콩나물 1접시(생 70g), 시금치나물 1접시(생 70g), 배추김치 1접시(40g), 오이소박이 1접시(60g), 버섯 1접시(생 30g), 물미역 1접시(생 30g)
과일류	사과(중) 1/2개(100g), 귤(중) 1개(100g), 참외(중) 1/2개(200g), 포도(중) 15알(100g), 오렌지주스 1/2컵(100g)
우유·유제품류	우유 1컵(200g), 호상요구르트 1/2컵(100g), 액상요구르트 3/4컵(150g), 아이스크림 1/2컵(100g), 치즈 2장(20g)*
유지·당류	식용유 1작은술(5g), 버터 1작은술(5g), 마요네즈 1작은술(5g), 설탕 1큰술(10g), 커피믹스 1봉(12g)

* 다른 식품들 1회 분량의 1/2 에너지를 함유하고 있으므로 식단 작성 시 0.5회로 간주함.

출처 : 보건복지부·한국영양학회·식품의약품안전청(2010). 한국인 영양섭취기준.

실제 2-1

활동계획안			
활동명	식품나라 탐험	활동일	
		대상연령	만 5세
소요시간	30분	집단크기	소집단
활동목표	• 음식의 종류에 따라 하는 일이 다르다는 것을 안다. • 골고루 먹는 태도를 기른다.		
활동자료	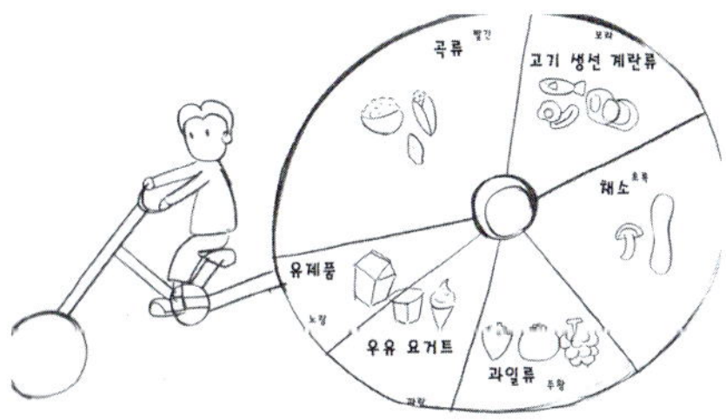	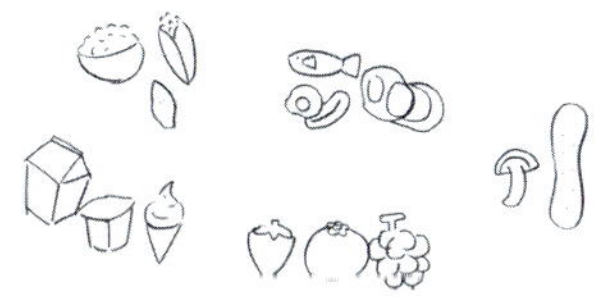	
누리과정 관련요소	• 의사소통 – 듣기, 말하기 – 이야기 듣고 이해하기, 낱말과 문장으로 말하기 • 신체운동 · 건강 – 건강하게 생활하기 – 바른 식생활 하기 • 자연탐구 – 탐구하는 태도 기르기 – 탐구 기술 활용하기		
활동방법	〈도 입〉 '골고루 먹기' 동요 들으며 율동하기 〈전 개〉 1. 식품구성자전거의 식품군별 식품의 종류에 대해 알아본다. – 식품나라자전거의 뒷바퀴에는 음식이 가득 실려 있네요. – 빨간색 칸 곡류군에는 어떤 식품들이 살고 있을까요? : 밥, 고구마, 빵, 옥수수가 살고 있어요. – 보라색 칸 생선군에는 어떤 식품들이 살고 있을까요? : 생선, 고기, 달걀, 콩이 살고 있어요. – 초록색 칸 채소군에는 어떤 식품들이 살고 있을까요? : 오이, 당근, 배추, 버섯이 살고 있어요.		

활동방법	- 주황색 칸 과일군에는 어떤 식품들이 살고 있을까요? : 사과, 포도, 귤, 딸기가 살고 있어요. - 파란색 칸 우유군에는 어떤 식품들이 살고 있을까요? : 우유, 치즈, 아이스크림, 요구르트가 살고 있어요. - 노란색 칸 기름군에는 어떤 식품들이 살고 있을까요? : 식용유, 버터가 살고 있어요. - 앞바퀴의 물도 친구들이 튼튼하고 건강한 몸을 유지하기 위해 꼭 필요해요. 2. 골고루 먹으면 좋은 점에 대해 이야기를 나눈다. - 식품을 골고루 먹으면 어떤 점이 좋을까요? - 밥, 생선, 채소, 과일, 우유를 골고루 먹으면 어떻게 될까요? - 식품요정 동요를 생각하며 답해볼까요? : 힘이 불끈, 몸이 튼튼, 키가 쑥쑥, 피부가 매끈매끈, 반짝반짝해져요. 3. 식품 바구니에서 한 가지 식품을 선택하도록 한 후 선택한 이유에 대해 이야기를 나눈다. - 어떤 식품을 선택했나요? - 선택한 식품은 좋아하는 식품인가요? - 그 식품을 선택한 이유는 무엇인가요? 4. 선택한 식품을 식품구성자전거에서 해당하는 알맞은 칸에 붙여본다. - 선택한 식품을 곡류 칸, 생선 칸, 채소 칸, 과일 칸, 우유 칸, 기름 칸 중 알맞은 곳에 붙여볼까요?
활동평가	식품들이 어느 식품군에 속하는지 평가한다.
유의점	각 식품군별로 식품모형을 제시할 때 그 수를 교육대상 연령이 만 3세일 경우 세 가지씩, 만 4~5세 이상일 경우 네 가지씩 제시한다.

실제 2-2

<table>
<tr><td colspan="5" align="center">요리활동계획안</td></tr>
<tr><td rowspan="2">활동명</td><td rowspan="2">계란 배 만들기</td><td>활동일</td><td></td></tr>
<tr><td>대상연령</td><td>만 5세</td></tr>
<tr><td>소요시간</td><td>30분</td><td>집단크기</td><td>소집단</td></tr>
<tr><td>활동목표</td><td colspan="3">• 안전한 요리활동 방법을 알고 참여한다.
• 요리의 즐거움을 느끼고 내가 만든 음식을 맛있게 먹는다.
• 여러 가지 재료가 합해져 다양한 맛을 낸다는 것을 안다.</td></tr>
<tr><td>준비물</td><td colspan="3">앞치마, 위생장갑, 숟가락, 도마, 빵칼, 그릇, 접시, 꼬치, 요리활동 재료(삶은 달걀, 마요네즈, 머스터드소스, 파프리카, 식빵), 요리 순서도 PPT, 뱃고동소리 음원</td></tr>
<tr><td>누리과정 관련요소</td><td colspan="3">• 신체운동 · 건강 – 건강하게 생활하기 – 바른 식생활 하기
• 자연탐구 – 탐구하는 태도 기르기 – 탐구과정 즐기기
• 자연탐구 – 과학적 탐구하기 – 간단한 도구와 기계 활용하기</td></tr>
<tr><td>활동방법</td><td colspan="3">1. 교통기관 소리 맞추기로 주의집중을 한 뒤, 요리활동을 소개한다.
– 오늘 이야기 나누기 시간에 여러 가지 교통기관의 특징을 알아보았죠?
– 교통기관의 소리를 들어보고 어떤 교통기관일지 생각해 보도록 해요.
2. 재료를 보며 이야기를 나눈다.
– 배를 만들 때 필요한 재료를 알아보자. 어떤 것이 필요할까?
– 만졌을 때 느낌이 어떠니?
– 달걀을 가지고 어떻게 활동을 할까?
– 여기에 있는 재료로 어떻게 배를 만들어 볼 수 있을까?
3. 활동방법을 알아본다.
① 삶은 달걀 껍질을 벗긴다.
② 빵 칼을 이용해 달걀을 반으로 자른다. (긴 방향으로 자른다)
③ 달걀 노른자를 손과 숟가락을 이용해 파내준다.
④ 노른자는 그릇에 담는다.
⑤ 그릇에 노른자와 마요네즈, 머스터드소스, 잘게 다진 파프리카를 넣고 섞어주다.
⑥ 섞은 속을 달걀 흰자 구멍 속에 숟가락을 이용해 넣어준다.
⑦ 식빵을 꼬치에 끼운 뒤 달걀 흰자에 꽂아준다.</td></tr>
</table>

활동방법	4. **안전 약속에 대해 이야기한다.** - 요리를 할 때는 어떤 약속을 지켜야 할까? - 친구와 장난치지 않기 - 빵칼을 사용할 때 안전하게 하기 - 어려운 부분이 있으면 선생님께 말씀드리기 5. **요리순서도를 보며 요리를 한다.** 6. **요리한 주변을 정리 후 내가 만든 계란 배를 먹어본다.** 7. **느낀 점을 이야기 나눈다.** - 오늘 계란으로 배를 만들어 보니까 어땠어요? - 어떤 점이 재미있었어요? - 너희들이 만든 계란 배의 맛이 어떤가요? 8. **확장활동에 대해 소개한다.** - 우리가 오늘 만들어서 먹어본 '계란 배'를 선생님이 사진으로 찍었어요. - 계란 배를 타고 여행하는 모습을 그려보는 활동을 할게요.
확장활동	자유선택활동 시간에 계란 배 사진을 보고, 그림을 그려본다.
유의점	요리할 때의 안전약속에 대해서 다시 한 번 짚어준다.

CHAPTER 03

영아기 영양관리

1 영아기 영양관리

2 영아기 영양공급

CHAPTER

03 영아기 영양관리

영아는 출생 후 만 2세까지로 출생 이후 일생 중 가장 왕성하게 성장하는 시기이다. 특히 신생아의 경우 단위체중당 체표면적은 성인의 3배 수준으로 높으며 신진대사가 매우 활발하게 이루어진다. 영아기는 조직이 신생되면서 뇌의 성장과 발달이 현저하게 이루어지는 시기로 성장을 위하여 양질의 단백질 섭취가 필요하다. 아직 소화·흡수 기능이 미숙하고 면역력이 약하므로 위생관리에 특히 신중해야 한다. 영아기에는 보다 좋은 성격과 식습관을 형성하기 위하여 쾌적하고 편안한 식사환경의 조성이 요구된다(김일옥, 2013). 이에 이 장에서는 영아기 영양의 특징, 영아기 영양교육의 목적, 영아기의 영양 공급(모유영양, 인공영양, 이유영양)에 대해 알아보고자 한다.

1 영아기 영양관리

1) 영아기 영양의 특징

영아기는 4주 이내의 신생아기(영아기 전반)와 이유기(영아기 후반), 즉 유아기 이전의 발달시기를 말한다. 영아기 전반은 수유(유즙)를 통해 영양공급이 이루어지고, 영아기 후반은 수유(유즙)와 이유식을 통해 영양을 공급받는다. 특히 소화와 흡수기능이 미숙하고 면역력이 약하며, 환경변화에 대한 적응력도 현저히 낮은 시기이므로 이 시기의 영양관리는 매우 중요하다. 일생 중 성장이 가장 왕성하게 일어나며, 특히 뇌의 성장과 발달이 이루어지는 시기이므로 영아를 위한 영양관리가 매우 중요하다.

2) 영아기 영양교육의 목적

- 영아의 성장상태와 기관과 조직의 생리적 발달을 이해하고 충분한 영양공급을 통해 신체적 · 사회적 · 정신적 발달과 인지 · 운동 · 언어능력을 발달시킨다.
- 모유영양 또는 인공영양과 이유기의 이유 방법에 따라 영아의 식습관과 발육 형태가 달라지므로 바람직한 식습관을 갖출 수 있도록 한다.
- 영아기 시기의 정상적 성장과 발달 도모를 위해 영아에게 필요한 영양을 충분히 공급함으로써 영양 부족 및 결핍, 질병 등을 예방할 수 있도록 한다.

2 영아기 영양공급

1) 모유영양

모유는 초유, 이행유, 성숙유의 순서로 이루어지며, 수유가 진행됨에 따라 영양소 및 생리적인 성분 등의 조성이 변화된다. 모유는 영아에게 있어서 가장 이상적이며 완전한 영양원이라고 할 수 있다.

(1) 초유

- 출산 후 2~3일부터 1주일간 소량으로 분비되는 것으로 카로틴이 많이 함유되어

노란색을 띤다.

- 초유는 성숙유보다 단백질 함량은 높고 지방과 당질 함량이 낮아 에너지 열량이 낮다(100ml 기준 – 성숙유 75kcal > 초유 67kcal).
- 비타민 A, 비타민 E 등의 지용성 비타민과 나트륨, 칼륨 등의 무기질이 다량 함유되어 있다.
- 면역글로불린(질병감염 및 알레르기 발생 예방)과 대식세포(식균작용), 비피더스 증식인자(장을 튼튼하게 해줌), 태변 속 빌리루빈(황달의 원인)의 배설을 도와주는 성분이 함유되어 있다.

(2) 이행유

- 출산 후 1~2주 사이에 분비되는 것으로 초유 다음으로 성숙유로 이행되는 과정이다.
- 난백실 함량 및 지용성 비타민, 면역글로불린의 함량은 초유에 비해 낮지만 지방과 유당 및 수용성 비타민의 함량은 높다.

(3) 성숙유

- 이행유 이후 성분 변화가 거의 일정해지는 시기이다.
- 수분이 많고 묽으며 이행유보다 단백질 함량이 낮고, 점점 유당의 농도가 높아진다. 지질 함량도 일정 수준까지 증가한다.
- 4~6개월 정도가 지나면 일부 영양소가 감소하기 때문에 이유식을 통한 보충이 필요하다.

(4) 모유, 조제유, 우유의 영양성분 함량 비교

〈표 3-1〉 모유, 조제유, 우유의 영양성분 함량 비교

영양소	모 유		조제유	우 유
	초유(〈5일)	성숙유(〉15일)		
에너지(kcal)	52	78.2	60~75	63.6
단백질(g)	2.3	1.14	1.2~1.95	3.41
지질(g)	1.9	4.80	2.1~4.2	3.52
당질(g)	6.2	7.54	4.9~9.1	5.19
나트륨(mg)	34	17.8	13~39	74.7
칼륨(mg)	47	56.9	54	142.2
칼슘(mg)	35	35.5	59	120.8
인(mg)	9	14.2	16.3~58.5	92.4
마그네슘(mg)	5	3.5	4	10.7
철(mg)	0.03	0.04	0.3~1.0	0.04
아연(mg)	0.4	0.7	0.3	1.4
비타민 A(ug RE)	189	67.5	39~117	49.8
비타민 D(ug)	–	3.56	0.65~1.63	6.89
비타민 E(mg α-TE)	0.8	0.07	1.16	0.07
티아민(mg)	1.5	14	44	49.7
리보플라빈(mg)	25	39.1	87	184.9
비타민 B_6(mg)	12	10.7	35	39.1
나이아신(mg NE)	75	195.5	593	96.0
엽산(ug DEF)	–	7.1	13.0	7.1
비타민 B_{12}(g)	0.2	0.07	0.27	0.48
비타민 C	4.4	5.33	5.2	0

(5) 모유수유의 장점

〈표 3-2〉 모유수유의 장점

<table>
<tr><th>분 류</th><th>영아 측면</th><th>모체 측면</th></tr>
<tr><td>영양적 측면</td><td>• 자연적으로 사람에게 특별히 알맞게 만들어진 영양물로서 영양 면에서 우수하여 모유만으로도 충분한 영양이 됨
• 성장 발달에 이상적인 영양공급, 뇌 발달 증진
• 신선하고 무균적</td><td rowspan="5">• 산후 출혈을 적게 함
• 산후 뼈의 재골화 촉진
• 빠른 산후 회복
• 본래 체중으로 회복 용이
• 유방암, 난소암 예방
• 일상생활의 편리함과 안전성
• 자연적 피임
• 경제적이고 편함</td></tr>
<tr><td>면역학적 측면</td><td>• 항균 및 항바이러스 항체를 보유하고 있으며 대식세포 등 많은 방어인자를 함유
• 위장관 감염 및 하부 호흡기 감염에 덜 걸림
• 설사, 아토피, 습진 등 알레르기 예방</td></tr>
<tr><td>심리학적 측면</td><td>• 어머니와의 밀착 모유수유를 통해 심리적 안정과 정서발달 증진</td></tr>
<tr><td>행동발달 측면</td><td>• 모유수유는 인공수유의 약 60배의 힘이 들기 때문에 턱 근육과 치아 발육 촉진
• 턱 운동을 통해 치아가 고르게 남</td></tr>
<tr><td>사회경제적 측면</td><td>• 적당한 온도를 유지하고 조제할 필요 없이 쉽게 먹일 수 있어 경제적임
• 분유 및 우유병 구입, 소독기 등의 경비가 절감됨</td></tr>
</table>

(6) 모유수유 방법

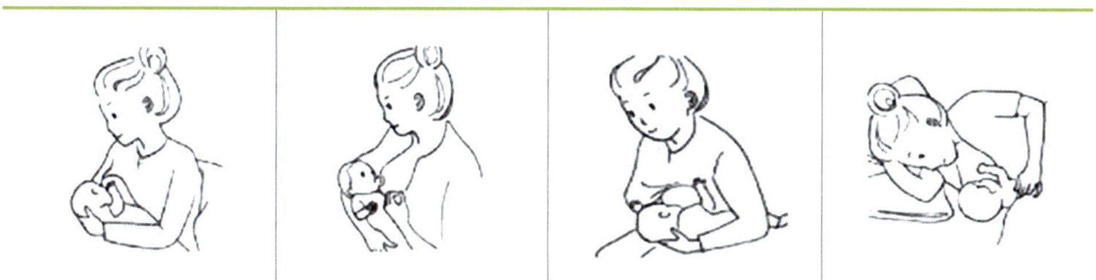

① 안고 먹이기 ② 옆구리에 끼고 먹이기 ③ 누워서 먹이기

그림 3-1 모유수유 방법

(7) 트림시키는 방법

	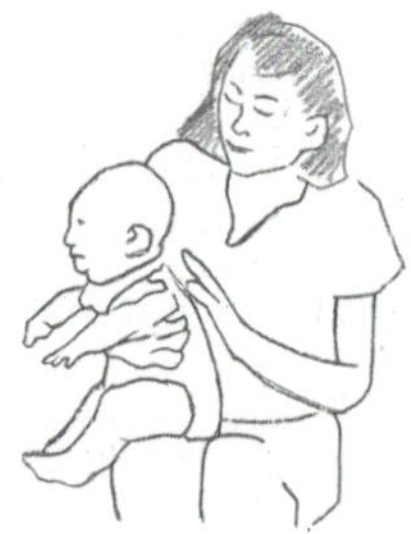	
아기를 어깨에 기대어 세워 등을 쓸어 내려 주는 방법	무릎에 앉혀 놓은 후, 엄마의 한쪽 팔을 아기의 양쪽 팔 안쪽에 받쳐준 후 등을 쓸어내려 주는 방법	무릎 위에 엎드린 후 엄마의 한쪽 팔을 아기의 양쪽 팔 안쪽에 받쳐 기대게 한 후 등을 쓸어내려 주는 방법

그림 3-2 트림시키는 방법

2) 인공영양

어머니의 모유 부족 또는 건강상이나 직업 등의 이유로, 영아에게 모유수유가 어려울 경우 모유를 대신한 모유 이외의 영양식품으로 인공영양을 한다. 인공영양에는 조제분유와 특수 조제분유가 있다.

(1) 조제분유

- 원유 또는 유가공품을 기본으로 전지분유를 모유 성분과 비슷하도록 만든 것을 말한다.
- 성장 발육에 필요한 유당, 지질, 비타민, 무기질 등 영양소를 첨가하여 만든 것이다.
- 분유 형태와 액상유의 형태가 있다. 분유는 적절한 양의 물로 희석하여 먹이며, 액상은 영아에게 바로 먹일 수 있는 형태이다.

〈표 3-3〉 국내 일반 영아용 조제분유의 조성(가나다순)

종 류		열 량	단백질	탄수화물	지방	회분	Na	K	Ca	P	Fe
		kcal/100mL	g/100mL				mg/100mL				
모 유		68	1.0	7.2	3.9	0.21	18.0	52.5	28	14	0.3
남양	아기사랑수-1	67	1.6	7.2	3.6	0.3	18.2	57.2	47	26	0.7
	아기사랑수-2	66	1.8	7.2	3.4	0.3	19.5	59.8	52	29	0.8
	임페리얼드림-1	67	1.6	7.3	3.5	0.3	18.2	57.2	47	26	0.7
	임페리얼드림-2	66	1.8	7.2	3.4	0.3	19.5	59.8	52	29	0.8
매일	맘마iQ	67	1.6	7.3	3.5	0.3	20.8	57.2	47	26	0.8
	맘마eQ	70	2.2	7.4	3.5	0.5	25.2	81.2	78	42	1.0
	엡솔루트-1	67	1.6	7.3	3.5	0.3	20.8	63.7	47	26	0.8
	엡솔루트-2	66	1.8	7.2	3.4	0.3	20.8	65.0	49	29	0.8

출처 : 홍창의 소아과학(2008).

(2) 특수 조제분유

- 선천적으로 모유 및 우유 알레르기 또는 유당분해효소 결핍증[1], 갈락토스혈증[2] 증상이 있는 영아를 위해 만든 것이다.
- 두유로 만든 조제분유는 대두를 주 원료로 하여, 메티오닌, 콘시럽, 대두유, 비타민 및 무기질을 강화시킨다.
- 특수 조제분유는 두유로 만든 조제분유, 단백질을 가수분해하여 만든 조제분유, 미숙아 조제분유로 분류된다.

1) 유당분해효소 결핍증(lactose intolerance) : 유당분해효소인 락타아제가 부족한 경우 소화되지 않은 유당이 소장에서 삼투현상에 의해 수분을 끌어들임으로써 팽만감과 경련을 일으키고 대장을 통과하면서 설사를 유발하는 질병

2) 갈락토스혈증(galactosemia) : 매우 드문 희귀 유전질환으로 인체 내 주요 효소의 결핍으로 체내에 갈락토오스(유당)와 그 대사산물이 축적되어 생후 즉시 발육부전, 구토, 황달, 설사 등이 나타나고, 치료하지 않으면 백내장, 정신지체 등을 보이다가 결국 간 기능 부전, 출혈, 패혈증 등으로 사망에까지 이르는 질환. 발생빈도는 정확하지는 않지만, 출생아 5만~6만 명 중 1명 정도 발생(서울아산병원 진료서비스, 2014. 1. 29)

3) 혼합영양

어머니의 모유분비량 부족, 수유부의 사회활동 참여, 수유부의 질환이 있을 경우 모유와 우유를 교대로 1회씩 수유하거나 모유를 먹인 후 부족량을 분유, 또는 우유로 대치하는 방법을 말한다.

4) 이유기(weaning)의 영양

(1) 이유의 정의

이유란 생후 4~6개월 후부터 영아의 성장 및 발달에 필요한 에너지와 영양소를 모유만으로는 충족시키기 어려우므로 영아의 식생활을 점차 성인의 식사형태로 대체하는 것을 말한다.

〈표 3-4〉 시판되고 있는 일반 조제유 및 특수 조제유의 종류

종 류	특 징	대 상
우유 조제유	• 가장 많이 이용되는 조제 • 유당 첨가 • 단백질 : 카제인 줄이고 알부민과 글로불린 첨가 • 지질 : 우유지방인 포화지방산 제거, 식물성 불포화지방산으로 대체 • 무기질 : 칼슘, 인, 나트륨, 염소 등은 줄이고, 철, 아연, 구리 등의 미량무기질 강화 • 비타민 : 비타민 C, 비타민 D 및 나이아신 등 여러 비타민 강화 • DHA 첨가, 락토페린과 같은 면역성분 첨가	• 일반영아
두유 조제유	• 단백질 : 대두단백질에 부족한 메티오닌 첨가 • 지질 : 식물성 지질 첨가 • 탄수화물 : 유당 대신 옥수수전분과 설탕 첨가 • 우유 조제유에 비해 무기질을 더 많이 함유시킴	• 우유 단백질에 알레르기 반응을 나타내는 영아 • 유당 불내증 영아

특수 조제유	단백질 가수 분해물 조제유	• 카제인을 열과 효소로 처리하여 얻어진 가수분해물을 펩티드와 아미노산의 혼합물로 구성 • 유당 대신 설탕, 옥수수시럽 및 전분혼합물 첨가 • 중간사슬지방이 함유된 지질 혼합물을 첨가 • 값이 비싸고 맛과 냄새가 별로 좋지 않아 한정적으로 사용	• 페닐케톤뇨증[3] 영아 • 갈락토스를 대사시키지 못하는 영아
	페닐케톤뇨증	• 페닐알라닌 무함유	
	갈락토스혈증 조제유	• 유당을 제거하여 식물성 당분으로 대체 분유를 만듦	

출처 : 이영미 외(2013).

즉, 수유를 일시에 끝내는 것이 아니라 그동안 유즙으로만 영양을 섭취하던 영아에게 반고형식을 주기 시작해서 그 정도와 양, 종류를 증가시키면서 고형식의 섭취로 옮겨가는 식생활의 변화를 말한다.

(2) 이유의 필요성

- 성장과 발달에 필요한 영양 보급 및 영양소를 공급한다.
- 음식을 빠는 형태에서 씹는 형태로 자연스럽게 성인과 같은 형태의 식생활로 발달시키는 과정, 즉 섭식기능을 발달시킨다.
- 유즙에서 반고형식으로 변화되면서 위 용적, 체류시간, 소화효소 기능 및 장 점막 등이 발달하여 소화 및 대사능력을 발달시킨다.
- 새로운 맛과 질감의 음식을 경험하며 심리발달에 도움을 준다.
- 컵이나 식기 사용 기술과 같은 새로운 기술을 익히게 되어 올바른 식습관 확립에 도움을 줄 수 있다.

3) 선천성 아미노산 대사이상으로 페닐알라닌을 타이로신으로 전환시키는 효소인 페닐알라닌수산화효소가 선천적으로 저하되어 있기 때문에 페닐알라닌이 축적되어 지능장애, 담갈색 모발, 피부의 색소 결핍을 초래하는 상염색체열성 유전성질환. 발생빈도는 백인의 경우 1만 4,000명당 1명꼴로, 일본인과 한국인은 7만~8만 명당 1명꼴의 빈도(서울아산병원 진료서비스, 2014. 1. 29)

(3) 이유의 적정시기

- 생후 4~6개월 때(철의 저장량이 고갈되는 시기) 실시하는 것이 좋다.
- 출생 시 체중의 2배가 되는 시기 또는 아기의 체중이 약 6kg에 도달할 때 실시하는 것이 좋다.
- 모유영양아 – 1일 수유 횟수가 8회 이상으로 증가, 수유 간격이 3시간 이내일 때(신생아일 경우 1일 수유간격은 2시간) 실시하는 것이 좋다.

  인공영양아 – 1일 섭취 우유 양이 1000ml를 넘을 때 실시하는 것이 좋다.
- 아기가 적극적으로 음식을 받아들이는 관심을 보일 때 실시하는 것이 좋다.

이유 시기에 따른 문제점은 다음과 같다.

① 이유식을 일찍 시작한 경우

– 소화 기능의 미숙에 의해 설사를 하고 모유섭취량이 감소한다.
– 삼킴 운동 미숙으로 위식도 역류에 의한 호흡기 증상이 나타날 수 있다.
– 장벽의 미숙에 의해 알레르기 질환이 발생한다.
– 지방세포 수의 증가에 의해 비만이 될 수 있다.

② 이유식을 늦게 시작한 경우

– 성장 발육 부진, 면역기능 저하, 영양결핍(빈혈 등 미량영양소의 부족), 편식, 새로운 음식에 대한 거부감 등이 나타난다. 이렇게 이미 형성된 식습관을 바꾸기는 힘들다.

(4) 이유식의 종류

① 가정 이유식

㉠ 장점

– 영아 개개인의 발달 정도와 적응 정도 및 기호도에 따라 개별적으로 준

비가 가능하다.

- 경제적이고 올바른 식습관 형성에 기초가 된다.
- 이유식 조리 시 다양하고 신선한 재료로 위생적이면서 단순한 맛으로 조리해야 한다.
- 만드는 재료, 장소, 기구들을 철저히 관리해야 한다.
- 지나친 염분의 사용은 삼가야 한다.
- 한 번에 먹을 양만큼씩 포장하여 냉동 보관하였다가 꺼내어 완전히 가열한 뒤 적절한 온도로 제공하여야 한다.

㉡ 단점

- 이유에 대한 지식부족으로 영아의 영양상태가 나빠질 수 있다.
- 이유식 만드는 시간이 많이 소요된다.

② 시판 이유식

㉠ 장점

- 영양소를 균형 있게 공급할 수 있다.
- 분말형태 또는 통조림, 병조림 등의 형태로 되어 있어 간편하다.
- 최근엔 배달이유식 형태도 있어 용이하다.

㉡ 단점

- 아기 발달 상태에 따라 반고형식 또는 고형식 형태로 바꾸기 힘들다.
- 우리나라 시판 이유식의 경우 분말형태로 종류가 다양하지 않다.

(5) 이유식의 단계

① 이유 준비기

- 수유 시각과 간격에 규칙성을 두고 액체음식 등으로 이유를 준비하는 단계이다.

- 수유시간은 4시간 간격, 횟수는 5~6회, 밤중수유는 하지 않도록 규칙성을 가져야 한다. 이는 아기의 신체적 리듬을 형성하고 보호자도 아기의 변화를 예측하는 데 도움을 준다.
- 과즙, 채소즙, 미음 등의 유동식을 이용하여 맛보게 하며 새로운 맛에 대해 경험하게 하고 숟가락 사용에 익숙해지도록 한다.
- 점차적으로 양을 늘려가며(20ml에서 100ml 정도까지) 아기가 설사를 하거나 소화를 시키지 못하는 건강 이상이 생길 경우 이유식을 강행하지 않는다.

② 이유 초기(생후 5~6개월) : 이유 도입기

- 영양보충의 목적보다는 모유나 조제유 이외의 새로운 음식에 적응하는 시기이다.
- 하루 1회 주는 것을 원칙으로 오전 수유 전 공복에 제공한다.
- 한 가지 재료의 맛만 제공한다.
- 처음에는 곡물을 주로 하는 이유식이 적당하다.
- 씹지 않고 삼킬 수 있는 미음과 같은 유동식과 반유동식을 반드시 우유병이 아닌 숟가락으로 제공(입자가 고운 죽 : 암죽, 곱게 간 과일, 삶아서 으깬 감자, 흰살 생선, 곱게 다진 고기, 달걀 노른자)한다.

③ 이유 중기(생후 7~8개월) : 반고형식 도입

- 아기의 이가 나오기 시작하면 턱과 혀의 운동의 발달하므로, 순수한 액체보다는 반고형식(연식)이 적당한 시기이다.
- 오전과 오후 하루 2회 주는 것으로 늘리고, 오후 식사의 초기에는 오전 식사량의 1/2 정도를 준다.
- 하루 영양섭취량에서 이유식의 비율이 높아지는 시기이므로 이유식 내용에 대한 질적 배려가 중요하다.
- 점차로 수유 횟수를 줄이고 이유식 후 모유나 조제유를 수유해 준다.

- 식품을 부드럽게 삶거나 으깨어 제공(곡류는 죽 형태로, 채소는 삶아서, 과일은 얇게 저며서, 간, 흰살생선, 닭고기, 쇠고기는 잘 다져서 조리)한다.
- 좋아하는 것과 싫어하는 음식을 표현하므로 이에 민감하게 반응하여 싫어하는 것은 억지로 먹이지 않고 서서히 맛에 익숙해지도록 여러 번 맛을 보여주며 시도한다.

④ 이유 후기(생후 9~11개월) : 고형식 도입

- 모유나 조제유의 수유가 줄어 영아의 영양공급에 이유식이 차지하는 비중이 높아 영양의 주 급원이 되는 시기이다.
- 식사횟수는 하루 3회를 원칙, 모유나 조제분유는 2회로 줄인다.
- 숟가락 사용도 가능하므로 영아가 스스로 먹는 것을 시도해 보게 한다.
- 구강과 소화기관의 기능이 발달하여, 잇몸으로 씹어 넘기기가 가능하므로 잘게 썬 음식이나 작게 덩어리진 음식을 제공한다.
- 식품의 종류가 점점 확대되어 성인용의 식사에서 이용 가능한 것은 많아지나, 부드럽게 삶아 소화가 잘 되는 형태로 제공(된죽, 진밥, 두부, 달걀, 잘게 썬 채소, 다진 고기)한다.
- 음식을 직접 손에 들고 먹는 연습, 숟가락과 컵을 사용하는 연습도 제공한다.

⑤ 이유 완료기(생후 12개월 이후) : 생후 12개월 이후

- 생후 12~24개월이 젖니 대부분이(뒤 어금니 제외) 나기 때문에 씹는 데 어려움이 없고, 소화효소의 활성이 증가한다.
- 성인과 비슷하게 음식의 종류가 다양해진다.
- 하루 3회 식사, 오전·오후 간식을 먹는 식사패턴을 유지하고 젖병은 18개월 정도에는 사용하지 않는다.
- 성인식과 재료는 거의 비슷하지만 자극성이 강한 식재료나 단 식품은 피하고, 조리법도 소화하기 쉬운 상태의 것을 응용한다. 특히 자극성 있는 향신

료의 사용을 피한다(진밥, 국수, 감자, 고구마, 과일은 생과일의 형태로 얇게 저밈, 육류는 잘게 다짐).

– 알레르기 반응을 일으킬 위험이 있는 식품도 서서히 제공하며 변화를 관찰한다.

초기 (감자미음)	중기 (두부 브로컬리 당근 죽)	후기 (한우 가지 비타민 무른 밥)	완료기 (한돈 표고 야채 진밥)

▎그림 3-3▎ 시기에 따른 이유식의 농도

<사진제공 : 친환경 이유식 ‘헬로우 맘마’>

〈표 3-5〉 단계별 이유식의 진행

단계	초기(5~6개월)	중기(7~8개월)	후기(9~11개월)	완료기(1년~1년 6개월)
먹는 방법	입술을 닫은 채로 꿀꺽 삼키는 시기	혀와 입천장으로 으깨는 시기	잇몸으로 씹는 시기	이로 씹는 시기
치아상태	아기의 혀는 앞, 뒤로밖에 움직이지 못하며 대부분의 아기들은 이가 나지 않음	혀가 아래, 위로도 잘 움직여 혀와 입천장으로 음식을 으깨어 먹으며 앞니가 남	혀가 좌우로 움직이므로 잇몸 쪽으로 음식물을 이동시켜 씹음	혀가 자유자재로 움직임. 어금니가 나서 씹거나 으깨는 것이 가능
이유식 상태	죽처럼 걸쭉한 상태 (요구르트 정도의 묽기와 끈기)	부드러운 알갱이 상태 (혀로 으깰 수 있는 두부 정도의 단단함)	알맹이(부드러운 것을 잘게 자른 형태)	형태가 있는 것 (어른이 먹는 것보다 조금 부드럽게)

하루에 먹는 양의 표준	곡물류, 감자, 고구마	걸쭉하게 갈아 으깬 죽 5~10g	끈적끈적하게 갈아 으깬 죽 30~70g	부드러운 죽 50~80g	부드러운 밥 80~100g
	달걀	달걀 노른자 1/4개로 만든 부드러운 페이스트	달걀 노른자 1/2개 페이스트	달걀 2/3~1개(흰자 포함)	달걀 1개
	고기, 생선, 콩류	곱게 갈아 체에 밭친 것 5~10g	두부 갈아 으깬 것 10~20g	다진고기 완자 10~20g	부드럽게 삶아 잘게 저며 썬 고기나 잘게 자른 생선 20~30g
	채소류	곱게 갈아 체에 밭친 것 5~10g	말랑말랑하게 삶은 것을 잘게 썬 것 10~30g	부드러운 채소를 잘게 썬 것 20~30g	부드러운 채소를 둥글게 썬 것
횟수, 양		2번째 수유 직전인 오전 10시경에 이유식을 1번 먹임. 먹인 후에는 아기가 원하는 만큼 수유	이유식은 하루 2회, 양은 식욕에 따라 증감할 수 있으며 이유식을 먹인 후, 원하는 만큼 수유함 (유아용 밥그릇으로 반 정도의 양)	하루 3회 이유식을 먹임. 이유식 후에도 아기가 원하는 만큼 수유	이유식은 하루 3회, 이유식 후에도 아기가 원하는 만큼 수유를 함(우유는 컵에, 이유식은 유아용 밥그릇으로 한 그릇 정도)

출처 : 서울강동구 보건소(2014. 1. 29). 해피맘 해피아이.

실제 3-1

활동명	시금치 배 미음	활동유형	요리	활동형태	소집단
대상연령	만 5세			소요시간	30~35분
활동목표	• 자신의 경험이나 느낌을 자유롭게 표현할 수 있다. • 쌀을 물에 불렸을 때의 변화에 대해 안다. • 물의 양에 따라 점도가 달라짐을 안다. • 물질의 변화를 설명하고 표현할 수 있다.				
교육과정 관련요소	• 의사소통 – 말하기 – 생각, 느낌, 경험 말하기 • 자연탐구 – 탐구하는 태도 기르기 – 호기심을 유지하고 확장하기 • 자연탐구 – 과학적 탐구하기 – 물체와 물질 알아보기				
요리재료	불린 쌀 30g, 물 90g, 배 25g, 시금치 20g, 꿀 5g				
요리도구	절구, 강판, 주걱, 냄비, 그릇, 요리순서도				
참고자료	 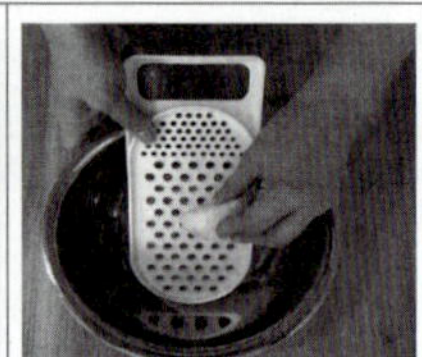  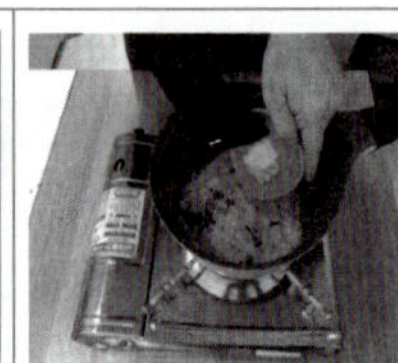				
활동방법	〈도 입〉 1. 미음을 먹어본 경험에 대해 이야기한다. 2. 들어가는 재료와 도구에는 어떤 것들이 있는지 탐색하고 이야기 나눈다. – 미음을 먹어본 적이 있니? – 어떠한 상황일 때 먹었니? 〈전 개〉 3. 요리 순서도를 보면서 미음 만들기 요리 순서를 익힌다. ① 불린 쌀은 믹서나 절구로 곱게 갈아 냄비에 물과 함께 넣고 끓인다. ② 배는 껍질과 씨를 제거하고 강판에 간다. ③ 시금치는 끓는 물에 데친 후 물기를 꼭 짜서 곱게 다진다. ④ ①이 끓어오르면 ②, ③을 넣고 한소끔 끓여낸다. ⑤ 입맛에 맞게 꿀로 간하여 그릇에 담는다.				

활동방법	4 요리 시 주의점에 대해 이야기하고 순서도를 보면서 요리를 한다. - 미음과 죽 그리고 밥이 다른 점은 무엇일까? - 물을 어떻게 넣어주어야 할까? - 쌀이 점점 어떻게 되었니? - 색깔이 어떠니? - 맛이 어떠니? - 냄새가 어떠니? 〈마무리〉 5. 주변을 깨끗이 정리정돈한다. 6. 주변을 정리하고 자신이 만든 미음을 먹으며 이야기 나눈다. - 활동에서 가장 재미있었던 부분을 이야기해 본다.

실제 3-2

<table>
<tr><td>활동명</td><td>송이 미역죽</td><td>활동유형</td><td>요리</td><td>활동형태</td><td>소집단</td></tr>
<tr><td>대상연령</td><td colspan="3">만 5세</td><td>소요시간</td><td>30~35분</td></tr>
<tr><td>활동목표</td><td colspan="5">• 자신의 경험이나 느낌을 자유롭게 표현할 수 있다.
• 쌀을 물에 불렸을 때의 변화에 대해 안다.
• 물의 양에 따라 점도가 달라짐을 안다.
• 물질의 변화를 설명하고 표현할 수 있다.</td></tr>
<tr><td>교육과정 관련요소</td><td colspan="5">• 의사소통 – 말하기 – 생각, 느낌, 경험 말하기
• 자연탐구 – 탐구하는 태도 기르기 – 호기심을 유지하고 확장하기
• 자연탐구 – 과학적 탐구하기 – 물체와 물질 알아보기</td></tr>
<tr><td>요리재료</td><td colspan="5">불린 쌀 30g, 양송이버섯 10g, 당근 10g, 양파 3g, 마른 미역 5g, 참기름 2g, 물 90g</td></tr>
<tr><td>요리도구</td><td colspan="5">분마기, 주걱, 냄비, 그릇, 칼, 도마, 요리순서도</td></tr>
<tr><td>참고자료</td><td colspan="2">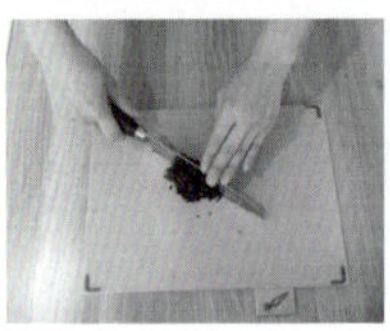</td><td>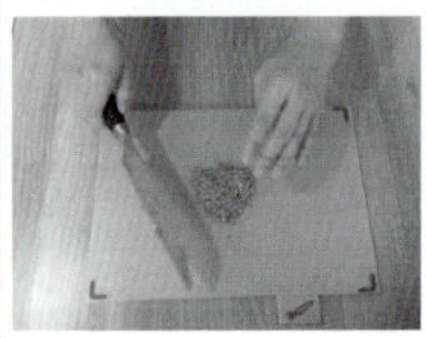</td><td></td><td></td></tr>
<tr><td>활동방법</td><td colspan="5">〈도 입〉
1. 죽을 먹어본 경험에 대해 이야기한다.
2. 들어가는 재료와 도구에는 어떤 것들이 있는지 탐색하고 이야기 나눈다.
– 재료들의 색깔, 모양, 촉감, 냄새 등을 탐색한다.
– 액체에서 고체화되는 변화에 대해 살펴본다.

〈전 개〉
3. 요리 순서도를 보면서 죽 만들기 요리 순서를 익힌다.
① 불린 쌀은 분마기로 살짝 간다.
② 양송이버섯과 채소는 잘게 다진다.
③ 마른 미역은 30분 정도 불렸다가 잘게 다진다.</td></tr>
</table>

활동방법	④ 냄비에 참기름을 두르고 쌀을 볶는다. ⑤ ②의 재료를 넣어 한 번 더 볶아준다. ⑥ 물을 부어 쌀알이 퍼지도록 끓인다. ⑦ 그릇에 담는다. 4. 요리 시 주의점에 대해 이야기하고 순서도를 보면서 요리를 한다. - 미음과 죽 그리고 밥이 다른 점은 무엇일까? - 죽을 만져보면 느낌이 어떨까? - 물을 어떻게 넣어주어야 할까? - 쌀이 점점 어떻게 되었니? - 색깔, 맛, 냄새가 어떻게 변화되니? - 열에 의해 쌀이 어떻게 되었니? - 또 어떤 재료로 죽을 만들 수 있을까? 〈마무리〉 5. 주변을 깨끗이 정리정돈한다. 6. 주변을 정리하고 자신이 만든 죽을 먹으며 이야기 나눈다. - 활동에서 가장 재미있었던 부분을 이야기해 본다.
확장활동	• 언어영역 : 죽에 들어간 채소에게 고마움 편지 쓰기 • 과학활동 : 우리 몸에 필요한 영양소 및 섭취량 알아보기
유의점	죽은 항상 소금 간을 마지막에 해야 묽어지지 않는다.

CHAPTER 04

유아기 영양관리

1. 유아기 영양관리
2. 유아기 성장과 발달
3. 유아의 식생활 행동 특성 및 지도

CHAPTER

04 유아기 영양관리

유아기는 만 3세부터 만 5세까지로 영아기 이후부터 학동기 이전의 시기를 말한다. 영아기에 비해 비교적 성장속도가 완만하지만, 지속적으로 성장하는 시기이다. 특히 활동 면에서 매우 왕성한 시기로 독립적이며, 환경에 대한 호기심, 탐색, 자율성 등 심리적인 성장과 더불어 신체조절능력, 운동능력, 운동근육기술의 발달 등 복잡하게 발달하는 시기이기도 하다. 영양소의 필요량이 증가하여 작은 성인의 수준으로 필요량이 많은 반면, 신체의 소화·흡수 능력은 아직 미숙하다. 이 시기에는 식생활 습관을 스스로 습득하거나 성인의 지도에 의해 배워나가는 식생활 확립기로 올바른 식습관이 확립되도록 도와주어야 한다. 이에 이 장에서는 유아기 영양의 특징과 유아기 영양교육의 목적, 유아기 성장과 발달, 유아의 식생활 행동 특성 및 지도에 대해 알아보고자 한다.

1 유아기 영양관리

1) 유아기 영양의 특징

유아기는 영아기 이후와 학동기 이전의 시기를 말한다. 이 시기에는 신체조절능력이 향상되어 신체의 각 조직과 기관들이 발달하며, 뇌 발달 또한 거의 완성되는 시기이다. 또한 인지적 능력, 사회성, 언어능력도 함께 발달함과 동시에 활동량도 많아지게 된다. 이에 따라 유아기의 영양은 일생 동안 식품에 대한 기호나 영양상태 그리고 성인이 될 때까지의 건강에까지 영향을 미치기 때문에 건강과 영양을 고려한 영양섭취와 기본생활습관, 식습관 등 바른 식사지도가 이루어져야 한다. 그러므로 유아기의 영양은 매우 중요하다고 볼 수 있다. 유아기 영양의 특징은 다음과 같다.

첫째, 유아기는 발육이 왕성하고 에너지의 보충이 필요한 시기이다

유아기는 신진대사와 발육이 왕성하여, 성인의 2~3배의 에너지, 단백질, 수분을 필요로 한다. 그러므로 단백질은 질적·양적으로 충분히 공급해야 하며, 철 함유식품을 많이 섭취하여 철 결핍성 빈혈을 막아야 한다. 영아기에 비해 성장속도가 둔화되고 식욕 또한 감퇴하여 유아가 성인에 비해 적은 양을 섭취할 것이라는 생각으로 영양관리를 하는 경우 영양소 결핍을 초래할 수 있다. 그러므로 성인에 비해 영양필요량이 크고 연령에 따라 각 영양소의 필요량 구성이 달라진다는 것을 인식하여 영양관리를 해주어야 하며, 소화 흡수 능력이 미숙하고 식사행동도 자립하려는 단계에 있으므로 건강 법칙에 맞는 바른 식사지도를 해야 한다.

둘째, 소화·흡수 기능이 미숙하다

소화기관의 발달이 불완전하여 소화·흡수 능력이 떨어진다. 그러므로 음식 조리 시 소화하기 쉬운 식품 및 조리법을 선택해야 하고, 식품을 잘게 잘라 먹기에 용이할 수 있도록 한다. 음식의 양을 여러 차례 나누어 소량으로 주고, 맛 또한 너무 자극적이지 않은 음식을 제공할 수 있도록 한다.

셋째, 자기 의사 표현을 한다

유아기는 사회성이 발달함과 동시에 자아도 확립되는 과정에 있다. 이에 따라 음식과 섭식에 대한 반응도 함께 반영되는데, 연령이 높아질수록 음식을 먹으려 하지만 음식기호가 분명해진다.

넷째, 식습관이 확립된다

음식과 식생활에 대한 태도가 형성되는 시기이며, 이때 형성된 태도는 성인이 되어서까지 이루어진다. 또한 건강한 성인으로서 성인병을 예방하기 위해서라도 자연식・건강식으로 올바른 식습관을 형성하도록 성인의 노력이 필요하다.

다섯째, 충치가 발생할 수 있으므로 예방해야 한다

유아기는 단 음식 종류의 간식을 자주 섭취하게 되어 당질류 또는 우유 및 유제품류를 섭취한 후 구강위생관리를 잘못하면 충치에 노출되기 쉽다. 그러므로 단 음식은 자주 주지 않으며, 음식을 먹고 난 후에는 반드시 양치 및 입안을 물로 헹구어 주어야 한다.

여섯째, 식사기술이 발달한다

유아기에는 사회성과 자율성이 발달함에 따라 스스로 선택하고 좋아하는 기호식품이 뚜렷해진다. 따라서 단순히 식사시간이 음식을 섭취하는 것에 끝나는 것이 아니라 유아가 식사태도, 식습관, 사회적 기술 및 언어 등을 자연스럽게 익힐 수 있는 시간이므로 부모를 비롯한 교사의 지속적인 관심과 지도가 필요하다. 더불어 식사도구를 사용함으로써 소근육도 발달시킬 수 있다. 유아는 성인을 도와 식사를 준비하고 간단한 요리를 하는 것을 즐기므로 식사 준비와 정리에 유아를 참여시키도록 한다.

2) 유아기 영양교육의 목적

- 신체의 성장 및 발달, 정신적・지적 인지능력의 균형적인 발달을 위해 영양을 공급한다.
- 규칙적인 식사를 통해 독립심과 자립심을 도모한다.
- 스스로 다양한 식품 선택과 기호를 통해 올바른 식습관을 형성할 수 있노록 한다.

2 유아기 성장과 발달

1) 신체적 발달

유아기는 신체 발육이 왕성한 시기로서 개인차가 점차적으로 뚜렷해지는 시기이다. 골격과 근육이 크게 발달함으로 인해 뛰고, 달리고, 기어오를 수 있게 된다. 영아기의 의존적인 식생활은 점차적으로 독립적인 식생활로 변화되며, 유치가 완성됨으로 인해 섭식기술 및 행동이 크게 발달하게 된다.

(1) 체중의 신장

- 유아기는 영아기에 비해 성장속도가 다소 감소하는 경향을 보이지만 꾸준히 성장한다.
- 연령이 증가함에 따라 체지방 비율이 감소하고(22~25% → 14~18%) 사춘기에 급격히 증가한다.
- 서고, 걷고, 달리기 위해 더 많은 근육을 필요로 하며 지속적으로 골격과 근육이 발달하는 반면 체지방은 감소한다. 이에 따라 단백질과 칼슘 등의 무기질이 필요하다.
- 팔과 다리의 성장이 두드러지며, 통통한 모습에서 날씬한 모습으로 바뀐다.
- 유아기의 갑작스러운 성장의 변화는 영양 불균형이나 질병발생 가능성을 의미하므로 일정 기간 동안 유아의 성장 정도를 측정하는 것이 필요하다.

〈표 4-1〉 유아기의 체중과 신장

구 분	영아기 1년	1세	2세	3세	4세	비 고
신 장	약 27cm 증가	77~78cm	87cm	95cm	출생 시 2배 (약 1m)	매년 5~7cm씩 자람
체 중	체중 3배 (약 10kg)	–	12~13kg (4배)	–	16~17kg	연평균 2~3kg 증가

(2) 두뇌 발달

〈표 4-2〉 뇌세포의 형성 과정

구 분	출생 시	2세	4세	6세	10세
뇌세포 형성	체중의 13%	성인의 50%	성인의 75%	성인의 90%	100% 완성 두뇌발달의 완성으로 지적 발달의 기초를 마련함

- 신경세포의 축색돌기가 수초[1]화되어 2세 전후로 급격하게 발달하며 10세경이면 거의 다 완성된다.
- 이 시기에 영양이 불균형 되면, 중추신경계의 발달에 큰 영향을 미치고 유아의 저항력이 저하되며, 무기력해지고 신경 증세를 보일 수 있다.
- 유아 초기에 영양이 부족하면 신경계가 손상될 수 있고 이는 지적 발달 및 뇌손상을 초래하므로 유아기에 영양이 결핍되지 않도록 해야 한다.
- 두뇌 발달을 위한 좋은 식품 섭취 : 양질의 단백질과 식물성 식품(단백질, 지방, 칼슘, 철, 인 등이 포함된), 현미, 대두, 검정콩, 참깨, 흑임자, 들깨 등을 유아의 기호에 맞게 잘 요리하여 먹이는 것이 바람직하다.

1) 수초(髓鞘, glossary - 신경돌기를 둘러싸고 있는 피막으로, 특히 신경돌기를 보호하는 기능 이외에 일종의 절연체 역할을 함(K2R API 검색, 2014. 1. 29).

(3) 치아 발달

- 치아는 태아 때부터 형성되어 있으며, 외부로 나오기 전에 구강에서 성장과 석회화를 거쳐 턱 속에 자리 잡고 있다가 생후 6개월경부터 나오기 시작한다. 1세 때는 6~8개, 약 2세 반 정도가 되면 유치가 거의 다 완성되며, 성인이 먹는 음식을 잘 먹고, 6세가 되면 영구치가 한두 개 정도 생기게 된다.
- 치아의 구성－치아는 치관과 치근으로 이루어져 있는데, 치관은 잇몸 위에 나온 부분을 말하며, 치근은 잇몸 안쪽 뼈 속에 파묻혀 있는 것을 말한다. 치수에는 치아 속의 혈관, 임파관 및 신경섬유가 분포되어 있다.
- 치아의 조성, 크기, 모양, 출현 시기 및 잇몸 형성은 영양과 매우 깊은 관련이 있다(치아형성 → 칼슘과 인, 비타민 A → 에나멜 층의 발달, 비타민 C → 상아질 형성, 비타민 D → 치아의 석회화).
- 영유아기 시기에 완성되는 유치는 영구치 발달의 기초가 되며 유치가 완전히 성숙되기 전에 빠지면 나머지 치아도 빠질 뿐만 아니라 영구치의 성장에도 지장을 준다.
- 치아건강을 위해 청량음료(콜라, 사이다)나 사탕을 되도록 삼간다.

(4) 사회성 및 언어 발달

- 자아가 발달되고 주위환경에 대한 호기심도 증가하며, 독립심도 발달한다.
- 또래들과 관계를 맺으면서 놀이에 대한 관심이 증가하여 활발한 운동이 이루어지고 자의식이 발달하면서 사회성 및 심리가 발달한다.
- 또래집단의 식생활 습관에 의해 음식 섭취와 수용에 영향을 받는다.
- 언어 습득력이 높아지고 언어로 자기의 의사를 표현한다.
- 2세에 450개 정도의 단어를 구사한다면, 5세 때는 2,000개 단어 이상을 구사할 수 있게 된다.

(5) 유아기 식행동과 식사기술의 발달

- 사회성과 자율성의 발달로 음식의 기호가 분명해진다.
- 유아의 식사시간은 사회적 기술, 언어, 식습관, 식사태도 등을 자연스럽게 익힐 수 있는 기회가 된다.
- 식사도구는 유아의 손 기능 및 소근육 발달을 돕는다.
- 유아마다 개인차가 있음을 안다.

〈표 4-3〉 유아의 식행동과 식사기술의 발달

연령	식행동	식사기술 발달과정
3세	• 특정 채소를 제외한 대부분의 식품을 먹는다. • 배고프지 않을 때는 식사를 잘 안 한다.	• 숟가락질을 더 잘 한다. • 혼자서 음식을 먹을 수 있다. • 우유나 주스를 혼자 그릇에 따를 수 있다. • 식사 중에 음식물을 흘리지 않으려고 노력한다. • 젓가락질이 가능해진다. • 활동량이 늘어나면서 식욕이 증가한다. • 컵이나 밥그릇을 한 손으로 쥐기가 가능하다.
4세	• 먹으면서 말하기를 좋아한다. • 싫어하는 음식과 좋아하는 음식을 구분한다. • 먹기 싫으면 울면서까지 거부한다.	• 컵과 젓가락의 사용능력이 발달한다. • 식탁정리를 도울 수 있다. • 껍질을 벗기거나 자를 수 있다. • 식사량이 증가하며 식욕도 일정하게 유지된다.
5세	• 친숙한 음식을 좋아한다. • 가족들이 싫어하는 음식을 자기가 싫어하는 음식으로 집착한다.	• 간단한 음식을 만들 수 있다. • 식사속도의 조절이 필요하다. • 식욕이 증가하며 좋아하는 음식의 기호가 생긴다. • 식품의 분량을 재고, 자르고, 가는 일을 할 수 있다. • 음식에 대한 흥미를 보이며 바람직한 식사 태도가 형성되는 시기이다.

출처 : 김일옥 외(2013).

3 유아의 식생활 행동 특성 및 지도

1) 유아의 정서적 특징과 식행동 특성

유아기는 지능 및 정서 발달이 뚜렷하여 자신의 주장과 방식대로 하려는 정서적 특징을 보인다.

〈표 4-4〉 유아의 정서적 특징과 식행동 특성

연령(세)	정서적 특징	식행동 특징
1~2세	• 낯선 것에 겁을 먹음 • 공유하려 하지 않음 • 지속적인 감독이 필요 • 자주 반항적임 • 호기심 많음 • 주목받고 싶어 함	• 까다로운 식성 • 음식을 삼키지 않고 입에 물고 있음 • 식품 탐닉 현상과 같은 음식을 먹으려고 고집
3세	• 모든 일에 동참하고 싶어 함 • 요구하기보다는 선택하게 하면 잘 따름 • 여전히 공유하려 하지 않음 • 자기 방식대로 하려는 태도가 다소 완강함	• 특정 채소를 제외한 대부분의 식품을 먹음 • 배고프지 않을 때는 빈둥거리면서 식사함 • 음식을 어떤 형태로 줄 것을 제안함
4세	• 공유를 잘함 • 어른의 동의와 주의를 요구함 • 한계를 이해함 • 대부분의 경우 규칙을 따름 • 여전히 자기 방식에 완강함	• 먹으면서 말하고 말하기를 좋아함 • 싫어하는 음식과 좋아하는 음식을 구분 • 먹기 싫으면 울면서까지 거부함
5세	• 가족적 일상사에 도움을 주고 협조적임 • 여전히 자기 방식에 완강함 • 부모, 집과 가족에 집착	• 친숙한 음식을 좋아함 • 가족들이 싫어하는 음식을 자기가 싫어하는 음식으로 착각

출처 : Wardlaw, G. M., Kesseim(2002).

2) 유아의 식행동에 영향을 주는 요인

(1) 가족 그리고 부모

- 가족은 부모와 유아가 식품과 영양에 대해 의사결정을 하는 중요한 요인이다. 영유아는 가족과의 생활을 통해서 식품에 대한 태도, 식품기호, 일생 동안 유지하게 될 식생활 형태를 결정하게 된다. 따라서 이들의 식생활에 대한 태도나 지식은 매우 중요하다.
- 부모는 영유아에게 올바른 식습관을 보여주는 롤모델(role model)이며, 강화와 규제를 통해 영유아의 식습관 행동을 지도하게 된다.
- 특히 유아기는 부모의 영향이 가장 크게 작용하는 시기이다. 유아의 식습관을 지도하는 데 있어서 부모의 일관성 부족은 유아의 섭식장애를 유발하기 쉽다. 그러므로 어린이가 바람직한 식품기호를 갖도록 하기 위해서는 우선 부모가 바람직한 식습관을 갖도록 해야 한다.

(2) 모델링

영유아는 부모나 교사 등 양육자를 포함한 형제, 친구, 연예인 등 자신이 좋아하는 사람의 행동을 보고 모델링 삼으며 성장한다.

식행동 또한 모방의 습성을 보이기 때문에 교사나 양육자는 영유아의 이러한 특성을 잘 활용하여 편식이나 과식 등 잘못된 식습관을 교정시키는 것이 좋다.

(3) 대중매체 산업과 광고의 영향

- 영유아나 부모들에게 TV 등 대중매체와 선전문, 각종 광고 등의 정보의 영향은 선눈석인 영양교육의 영향보다 훨씬 크다.
- 영유아의 경우, 특히 TV는 큰 영향을 미친다. TV를 시청하는 동안 영유아는 광고 문구에 쉽게 현혹되며 광고뿐만 아니라 방송내용을 통해 표현되는 식생활 행

동, 식습관, 이상체형 등에 많은 영향을 받는다.

- 국민의 심신 건강 측면에서 연속극이나 어린이 프로그램의 먹는 장면에 대하여 거론하는 것이 중요하다고 볼 수 있다. ⓔ 시금치를 먹으면 힘이 나는 뽀빠이 만화영화는 영양교육을 사려한 것

3) 유아의 올바른 식습관 지도를 위한 부모의 역할

영유아의 올바른 식습관 지도를 위한 부모의 역할은 무엇인지 구리YMCA 유아교육 사업부에서 제시한 내용을 살펴보면 다음과 같다.

(1) 음식을 억지로 먹이지 마세요

음식을 억지로 먹이면 아이는 음식의 맛을 즐기는 것이 아니라 음식을 그대로 삼켜버리게 되며, 이것은 미각 형성에 어려움을 주기도 하고 더욱더 식사시간을 싫어하게 되는 원인으로 작용하게 된다.

(2) 식사는 정해진 시간에 규칙적으로 하게 해주세요

정해진 시간에 식탁에 앉아서 얼마만큼 먹을 것인지 아이가 스스로 결정하게 하는 것이 좋다.

(3) 온 가족이 함께 식사해요

가족이 모여 밥을 먹으면 부모가 아이의 식습관을 꼼꼼히 챙길 수 있고 가족 간의 유대감도 높아져 아이들의 정서를 안정시키는 데에도 도움이 되기 때문이다.

(4) TV 앞이 아닌 식탁에서 먹되, 주의를 산만하게 만드는 것들을 치워주세요

TV나 장난감이 곁에 있으면 아이가 식사에 집중할 수가 없게 된다. 그래서 밥양을

조절할 수 없게 된다. 게다가 TV를 보며 음식을 먹으면 먹는 행위 자체를 TV에 연결시켜 TV만 켜면 무언가 먹어야 하는 나쁜 버릇이 생길 수도 있다.

(5) 아이에게 식습관 모범을 보여주세요

영유아의 가장 크고 가까이 있는 모델은 부모이다. 부모가 먼저 건강한 식습관을 가져야 영유아도 쉽게 평생 건강한 식습관을 유지하는 사람으로 성장할 수 있다. 따라서 영유아와 식사시간에 소통하고 대화를 나누며 올바른 식습관의 모범을 보여주어야 한다.

(6) 아이가 스스로 할 수 있게 도와주세요

아이라고 해서 엄마가 무조건 다 챙겨주고, 챙겨주는 것만 먹고, 치우는 것을 보기만 하는 것은 아니다. 아이가 할 수 있는 일은 스스로 하도록 도와주면, 자립심도 키울 수 있다. 자기가 먹은 접시는 스스로 설거지통에 가져다 두기, 먹은 컵 분류하기 등 영유아 스스로 실천할 수 있는 것들을 스스로 할 수 있게 해주는 것이 좋다.

4) 올바른 식습관 지도를 위한 교사의 역할

식습관은 유아기에 잘못 버릇이 들면 기초가 굳어져 성장한 다음에는 고치기가 어려워진다. 그러므로 같은 또래가 여럿이 모여 함께 식사하게 되는 유아교육기관에서의 식사지도는 더욱 중요한 의의를 지니게 된다.

유아의 식사지도를 위한 기본 방침으로 가능한 한 빠른 시기에 식습관을 확립시키도록 하며 개인의 발달 정도에 맞는 내용으로 식습관을 정착시키기 위해 매일 되풀이하여 지도한다.

안정감 있는 식사 분위기를 유지하기 위해서는 식사시간 전·후에 조용하고 차분한 활동을 하는 것이 좋다. 3세가 되면 식사와 간식 시간을 일정하게 규정하여 전체 아동이 함께 먹도록 하고, 가능하면 3~5세반에서는 식당을 마련하여 이용하는 것이 더 편리할 수 있다.

식당은 밝고 환기가 잘 되어야 하며, 식탁과 의자는 유아의 몸 크기에 적합해야 한다. 사용하는 식판이나 컵, 그릇, 수저 등도 알맞은 크기여야 하고, 깨지지 않는 재질이 좋다. 또한 식기와 행주 등은 1회 사용 후 반드시 소독하는 등 위생에 각별히 주의하여야 한다.

또한 바람직한 식생활을 위해,

첫째, 즐거운 환경에서 식사하게 하고,

둘째, 서두르지 말고 유아들이 먹고 있는 동안 관심을 기울이고,

셋째, 배가 몹시 고픈 식사시간에 새로운 음식을 주도록 하며,

넷째, 많은 양을 주지 말고 일상적으로 먹는 것보다 다소 적은 양을 주는 것이 좋으며,

마지막으로 어린이가 음식을 만드는 데 직접 참여할 수 있도록 기회를 제공하는 것도 바람직하다.

실제 4-1

활동명	팝콘 만들기	활동유형	요리	활동형태	소집단
대상연령	만 4~5세			소요시간	30~35분
활동목표	• 자신의 경험이나 느낌을 자유롭게 표현할 수 있다. • 열에 의한 옥수수 알갱이의 변화과정을 안다. • 물질의 형태, 모양, 색깔 등을 관찰하고 탐색할 수 있다. • 물질의 변화를 설명하고 표현할 수 있다.				
교육과정 관련요소	• 의사소통 – 말하기 – 생각, 느낌, 경험 말하기 • 자연탐구 – 탐구하는 태도 기르기 – 호기심을 유지하고 확장하기 • 자연탐구 – 과학적 탐구하기 – 물체와 물질 알아보기				
요리재료	팝콘용 옥수수, 버터, 맛소금				
요리도구	뚜껑이 있는 투명한 프라이팬, 버너, 수저, 접시, 요리 순서도				
참고자료			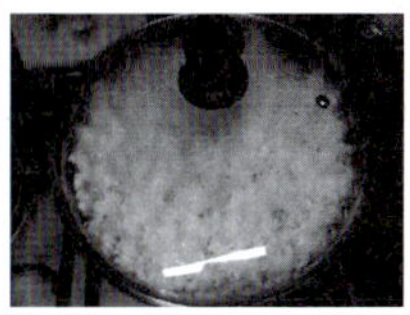		
활동방법	〈도 입〉 1. 팝콘을 먹어본 경험에 대해 이야기한다. 2. 들어가는 재료와 도구에는 어떤 것들이 있는지 탐색하고 이야기 나눈다. – 팝콘용 옥수수를 본 적이 있니? 어떻게 생겼니? 먹어본 경험이 있니? 〈전 개〉 3. 요리 순서도를 보면서 팝콘 만들기 요리 순서를 익힌다. ① 프라이팬에 버터를 녹인다. ② 옥수수와 소금을 넣는다. ③ 뚜껑을 덮고 너무 세지 않게 불의 세기를 조절한다. ④ 튀거지면 접시에 담아낸다.				

활동방법	4. 요리 시 주의점에 대해 이야기하고 순서도를 보면서 요리를 한다. - 버너 가까이 가거나 달궈진 프라이팬을 만지면 어떻게 될까? - 달궈진 프라이팬 속의 버터가 어떻게 되니? 왜 그렇게 될까? - 옥수수가 어떻게 되었니? - 팝콘이 튀는 모습이 어떠니? - 맛이 어떠니? - 냄새가 어떠니? 〈마무리〉 5. 주변을 깨끗이 정리정돈한다. 6. 주변을 정리하고 자신이 만든 팝콘을 먹으며 이야기 나눈다. - 활동에서 가장 재미있었던 부분을 이야기해 본다.
확장활동	• 이야기 나누기 : 옥수수알갱이 변화 전과 변화 후의 모습 • 조형활동 : 팝콘 나무 만들기 • 신체활동 : 팝콘 되어보기
유의점	• 팝콘을 튀기는 동안 유아들이 뚜껑을 열지 않도록 주의시킨다. • 활동 도중에 주의 깊게 살피며 열지 않도록 한다.

실제 4-2

<table>
<tr><td>활동명</td><td>과자샌드</td><td>활동유형</td><td>요리</td><td>활동형태</td><td>소집단</td></tr>
<tr><td>대상연령</td><td colspan="3">만 3~4세</td><td>소요시간</td><td>30~35분</td></tr>
<tr><td>활동목표</td><td colspan="5">• 요리를 만들어 보는 과정에서 성취감을 느낀다.
• 여러 가지 재료를 이용하여 과자샌드를 만들어 본다.</td></tr>
<tr><td>교육과정
관련요소</td><td colspan="5">• 예술경험 – 예술적 표현하기 – 미술활동으로 표현하기
• 자연탐구 – 과학적 탐구하기 – 물체와 물질 알아보기</td></tr>
<tr><td>요리재료</td><td colspan="5">과자, 치즈, 햄, 키위, 방울토마토, 요리순서표</td></tr>
<tr><td>참고자료</td><td></td><td></td><td></td><td>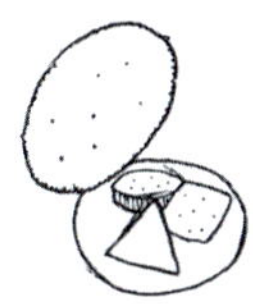</td><td></td></tr>
<tr><td>활동방법</td><td colspan="5">〈도 입〉
1. 준비된 재료를 보면서 유아들과 이야기 나눈다.
– 여기에 무엇이 있니?
– 이것으로 무엇을 만들 수 있을까?

〈전 개〉
2. 요리 순서표를 보면서 이야기 나눈다.
– 과자집을 만들려면 어떤 재료들이 필요할까?
– 가장 먼저 무엇을 해야 할까?
3. 교사가 호명하는 유아는 손을 씻고 작업책상으로 와서 앉고, 나머지 유아들은 조용한 놀이를 하며 기다린다.
4. 요리 준비가 되면 다양한 재료를 이용하여 과자샌드를 만들어 본다.

요리순서
① 과자를 2개씩 가져간다.
② 치즈, 햄, 오이 등을 썬다.</td></tr>
</table>

활동방법	③ 과자 한 면에 마요네즈를 바른다. ④ 준비된 재료 중 두 개를 골라 과자 위에 올려 모양을 꾸민다. ⑤ 유아들이 재미있는 모양으로 만든 후 다른 크래커 한쪽에 마요네즈를 발라 덮는다. ⑥ 완성된 과자를 접시에 담는다. ⑦ 요리에 대한 평가를 한다. ※ 이때 Ⅰ수준 유아의 경우에는 나름대로 요리해 볼 수 있도록 하고, Ⅱ수준 유아의 경우에는 보다 창의적으로 요리해 볼 수 있도록 한다. 5. 유아들이 만든 요리를 다 같이 감상하고 먹어본다. 〈마무리〉 6. 활동을 마치고 난 후의 느낌에 대하여 이야기 나눈다. - 활동을 해보니까 어땠니? - 어떤 점이 재미있었니?
확장활동	• 유아들이 만든 과자샌드의 모양이 서로 어떻게 다른지 알아본다. • 자기가 만든 과자샌드에 이름을 재미있게 붙여본다. • 과자가게 역할놀이를 해본다.
유의점	기다리는 유아들이 지루하지 않도록 활동 순서를 미리 말해준다.

CHAPTER 05

아동기(학령기) 영양관리

1. 아동기 영양관리
2. 아동기 성장과 발달
3. 아동기 영양 필요량
4. 아동기 식생활 관리 및 식습관 지도

CHAPTER

05 아동기(학령기) 영양관리

아동기는 만 6세부터 만 11세까지를 말한다. 아동기는 성장속도가 성장기 중 가장 완만하지만 지속적으로 성장·발달이 이루어지고 왕성한 활동을 통해 식욕이 증가하면서 제2의 급성장기를 준비하는 시기이다. 신체적 성장과 기관 및 조직의 발달과 더불어 인지적, 감정적 및 사회적 성장이 꾸준히 이루어지는 시기이기도 하다. 아동기의 대표적인 문제 식행동으로는 불규칙한 식습관, 편식, 빈혈, 변비, 비만 등의 영양문제가 있다. 그러므로 적절한 영양·식생활 관리를 통해 심신의 발달을 도모하고 건강한 성인으로 성장할 수 있도록 교육하는 것이 중요하다. 이에 이 장에서는 아동기의 영양관리, 성장과 발달, 영양 필요량, 식생활 관리 및 지도에 대해 알아보고자 한다.

1 아동기 영양관리

1) 아동기 영양의 특징

아동기는 만 6세에서 만 11세를 말한다. 생애주기 단계에서 학령기를 두 단계로 나누기도 한다. 즉, 아동기의 전·후반을 연령별로 5~10세(middle childhood)와 여아의 경우 9~11세, 남아의 경우 10~12세(preadolescence)로 분류하기도 한다. 한편 우리나라 보건복지부와 한국영양학회에서는 아동기를 6~8세와 9~11세의 두 단계로 나누어 성별로 영양섭취 기준을 제시하고 있다(이영미 외, 2013). 학령기는 초등학교 시기를 말하며, 두뇌는 성인의 수준까지(100%) 성장하고, 심신의 성장 및 인지적·사회적·정서적 면에서 발달이 두드러지게 이루어진다. 심신의 균형이 비교적 잘 이루어지며, 질병에 걸릴 확률이 낮다. 성장과 함께 신체 각 기관과 조직의 발달이 꾸준히 이루어지는 시기이기도 하다. 또래집단과 선생님, 다른 성인들의 중요성을 지각하게 되는 시기이다. 그러나 우리나라의 아동들은 뛰어노는 시간이 적고 외부적인 활동, 즉 학원을 다녀야만 하는 스트레스로 인해 정서적·지적으로 문제가 야기될 수 있으므로 학령기의 영양은 중요하다고 할 수 있다.

2) 아동기 영양교육의 목적

- 정상적인 성장·발육과 심신의 건전한 발달을 도모하기 위함이다.
- 학령기 아동의 영양문제에 대한 중재를 위해 영양 공급 및 식생활의 중요성을 인식시키기 위함이다.
- 섭식과 영양소 섭취에 대한 일생의 기초 형성을 위함이다.

2 아동기 성장과 발달

1) 신체적 발달

학령기의 성장은 영아기나 청소년기처럼 급속한 변화는 보이지 않으나, 전체적 모습이 성인과 흡사하다. 예를 들어, 몸통이나 팔다리가 가늘어지거나 가슴이 넓어지고, 머리 크기 또한 자신의 키의 1/7 또는 1/8 정도로 성인의 모습과 유사해진다. 학령기의 성장은 지속적, 수직적이며, 개개의 아동들은 자신의 성장 패턴을 가지게 되므로 연속적인 측정 관찰을 통한 신체발육의 추이를 잘 관찰해 주어야 한다.

(1) 체중과 신장

- 신장은 1년에 4~6cm가량 증가하고, 체중은 약 2~3kg 정도씩 증가한다.
- 평균 신장은 남아가 여아보다 크나 10~12세에는 여아가 남아보다 크다(여아의 사춘기 성숙이 먼저 일어나기 때문).
- 체중은 남아와 여아가 거의 비슷하게 증가한다.
- 우리나라 학령기의 평균 신장과 체중은 매년 꾸준한 증가를 보이고 있다. 이는 경제수준이 높아지면서 영양섭취 또한 충분하게 공급되기 때문이다. 반면 운동부족으로 인해 체력은 저하되고 비만은 증가하는 추세이다.
- 신체발육을 측정할 수 있는 객관적인 지표로는 미국의 CDC(growth chart)와 WHO 성장표준치(growth standards)가 있다.

〈표 5-1〉 소아발육표준치

남 아			연 령	여 아		
체중 (kg)	신장 (cm)	체질량지수 (kg/m^2)		체중 (kg)	신장 (cm)	체질량지수 (kg/m^2)
21.60	116.64	15.87	6~6.5세	20.73	115.47	15.61
22.85	119.54	16.06	6.5~7세	21.95	118.31	15.75
24.84	123.71	16.41	7~8세	23.92	122.39	16.04
27.81	129.05	16.97	8~9세	26.93	127.76	16.51
31.32	134.21	17.58	9~10세	30.52	133.49	17.06
35.50	139.43	18.22	10~11세	34.69	139.90	17.65
40.30	145.26	18.86	11~12세	39.24	146.71	18.27

출처 : 소아 청소년 신체발육표준치 제정위원회(2007).

(2) 기관과 조직

- 전체적인 성장은 완만하게 이루어지며 내장기관(뇌, 폐, 심장, 간, 위, 신장 등)이나 조직의 발육은 크기뿐 아니라 그 기능이 충실해진다.
- 호르몬(성장 호르몬, 갑상선 호르몬, 인슐린 호르몬)의 영향을 받아 학령기 동안 근육이 증가한다.
- 남아가 여아보다 근육량이 더 많아진다.
- 아동의 근육은 여리고 뼈에 견고하게 부착되어 있지 않아 쉽게 피로해지는 반면 피로에서의 회복도 빠르다.
- 골격은 계속적으로 변화하며 여아는 남아보다 빨라 2~3세 일찍 성장의 정점에 이른다.
- 다리뼈의 길이가 길어지면서 머리 부분의 상대적 비율이 더 낮아지게 된다. 따라서 신체 부분의 비율이 성인과 비슷한 1/7, 1/8의 비율이 된다.
- 골격성숙은 성적 성숙 및 총체적 신체성장과 높은 상관을 나타낸다.
- 골격의 특정 비례는 X-ray로 찍어 신체적 성숙도를 평가한다.
- 지방의 축적량은 지방세포 수와 크기가 결정한다. 그러므로 비만 아동의 지방세포 수가 크고 많다.
- 체지방량과 체질량 수는 다른 시기에 비해 학령기가 가장 낮은 양상을 보인다.

2) 운동 발달

- 바람직한 운동기능 습득 및 소질 개발의 중요한 시기이다.
- 골격의 구조가 경골화되기 전 단계이므로 신체가 유연하고 신체활동이 활발하게 이루어지는 시기이다.
- 운동기능 → 달리기와 던지기 등의 운동을 습득하기 좋은 시기이다.
  운동유형 → 성인수준의 탁월한 기능도 가능하다.

운동능력 → 사춘기 이전까지 성별구분이 크게 없으나 대부분 남아가 여아보다 빠른 발달을 보인다. 이는 남아가 근육이 더 발달하고 지방이 적을 수도 있지만, 여아의 관심도가 남아의 운동보다 낮아서라는 해석도 있다.

3) 사회 · 심리적 발달

- 학령기 이전에는 부모의 도움을 받는 가정 중심의 사회적 관계가 주로 이루어졌다면, 학령기는 대부분의 시간을 학교에서 보내며 사회적 관계를 형성하는 시간이 많아진다.
- 사회에서 요구되는 지적 성장과 기술습득이 이루어져야 하며, 도덕적 판단도 획득하고 양심도 발달시켜야 한다.
- 단순한 또래집단이 아닌 넓은 의미의 사회라는 개념도 인식하게 된다.
- 사회적 역할 및 의미를 이해하게 된다.
- 자기 자신이 특정한 일을 할 수 있다는 자기 효능감도 형성된다.

4) 인지 발달

- 정서적인 독립으로 인해 가족, 학교, 사회의 역할에 대해 인지할 수 있다.
- 읽기, 쓰기 능력과 인과관계에 대한 이해도가 높아지며, 합리적이고 체계화할 수 있는 능력도 향상한다.
- 영양지식에 대한 지적 호기심도 생기므로 영양교육을 지적 호기심으로 전환하여 효율적인 수용이 일어날 수 있도록 지도할 수 있다.

3 아동기 영양 필요량

1) 에너지

- 학령기 아동은 지속적으로 성장·발육하고 있으므로 발육에 지장을 주지 않도록 충분히 활동할 수 있는 에너지를 공급해야 한다.
- 학령기 아동의 에너지 필요량은 기초 대사량, 활동 대사량, 식품 이용을 위한 에너지 외에 성장을 위한 에너지에 의해 결정된다.
- 우리나라 아동의 에너지 필요 추정량 산출은 2007년 한국 소아·청소년 신체발육표준치의 체격을 기준으로 한다.
- 기초대사율은 급속한 성장기에 높고 성장에 따른 생합성작용의 증가와 관계가 있다.

〈표 5-2〉 **학령기 아동의 에너지 필요 추정량 산출 공식**

총 에너지 소비량(kcal/일)

- 남자 : 88.5 − 61.9×연령(세) + PA[26.7×체중(kg) + 903×신장(m)]
  PA = 1.0(비활동적), 1.13(저활동적), 1.25(활동적), 1.42(매우 활동적)
- 여자 : 135.3 − 30.8×연령(세) + PA[10.0×체중(kg) + 934×신장(m)]
  PA = 1.0(비활동적), 1.16(저활동적), 1.31(활동적), 1.56(매우 활동적)

성장 및 대사 변화에 따른 에너지 추가 필요량(kcal/일)
6~8세 : +20kcal/일, 9~11세 : +25kcal/일

〈표 5-3〉 **학령기 에너지 필요 추정량과 섭취에너지 적정비율**

연 령	성 별	체중(kg)	신장(cm²)	에너지 필요 추정량(kcal)
6~8세	남자	26.5	126.4	1,700
	여자	25.0	125.0	1,500
9~11세	남자	38.2	142.9	2,100
	여자	35.7	142.9	1,800

출처 : 한국영양학회(2015). 2015 한국인 영양소 섭취기준.

2) 단백질

- 체조직의 유지 및 새로운 조직의 합성을 위해 필요한 영양소이며 지속적인 성장이 이루어지는 학령기에 가장 중요한 영양소 중 하나이다.
- 학령기 아동의 성장과 호르몬의 변화와 근육량・미오글로빈・적혈구 등의 증가로 인해 단백질 필요량이 증가함
- 근육수축과 이완, 면역체계, 연골, 골격, 피부, 모발, 손톱, 발톱 등의 체구성 물질로서 작용한다.
- 동물성 단백질을 식물성 단백질의 1/2~2/3 정도로 공급하는 것이 좋다.
- 단백질을 구성하는 모든 필수아미노산을 골고루 적절하게 함유시키고, 여러 식품을 서로 잘 배합하여 아미노산 보강효과를 통한 단백질의 질을 높여야 한다.

3) 탄수화물과 식이섬유

- 탄수화물은 성장・발육과 활동이 왕성한 학령기 아동에게 에너지의 주요 급원이다.
- 총 섭취열량의 55~70%의 탄수화물 섭취를 권장하고 있다.
- 학령기 아동들은 정상적인 배변과 식사 관련 암 예방 및 관상동맥 심장질환, 비만, 당뇨병 등의 위험을 감소시키고 최적의 건강을 위해 필요하다.
- 식이섬유는 위장의 포만감을 유발하고 배변량을 증가시키며 영양소의 흡수를 낮추는 작용을 한다.
- 정상 배변과 비만, 제2의 당뇨병의 위험을 감소시켜 준다.

〈표 5-4〉 학령기 단백질, 탄수화물과 식이섬유의 섭취 기준

연 령	단백질 (g)		탄수화물 (g)		식이섬유 (g)	
	권장 섭취량	충분 섭취량	권장 섭취량	충분 섭취량	권장 섭취량	충분 섭취량
남자 6~8(세)	30					20
9~11	40					20
여자 6~8(세)	25					20
9~11	40					20

출처 : 한국영양학회(2015). 2015 한국인 영양소 섭취기준.

4) 비타민

(1) 지용성 비타민

- 비타민 A, D, E, K는 지용성 비타민으로 세포분화와 증식, 성장촉진, 시각세포, 골격 성장, 항산화제, 혈액응고 등의 역할을 한다.
- 결핍 시 늑골과 턱에 이상, 성장지연, 시력감퇴 등 눈에 관련한 질환과, 구루병(뼈 변형), 섬유근육통, 다발성 경화증, 용혈성 빈혈, 혈액 응고 지연 등이 생긴다.

〈표 5-5〉 지용성 비타민의 영양섭취 기준

연 령	비타민 A (μg RE)		비타민 D (μg)		비타민 E (mg α-TE)		비타민 K (μg)	
	권장 섭취량	충분 섭취량	권장 섭취량	충분 섭취량	권장 섭취량	충분 섭취량	권장 섭취량	충분 섭취량
남자 6~8(세)	400			5		7		45
9~11	600			5		9		55
여자 6~8(세)	400			5		7		45
9~11	550			5		9		55

출처 : 한국영양학회(2015). 2015 한국인 영양소 섭취기준.

(2) 수용성 비타민

- 수용성 비타민은 비타민 C, 비타민 B_1, 비타민 B_2, 비타민 B_6, 나이아신, 엽산 등이 있다.
- 수용성 비타민은 몸 안에 축적되지 않으므로 매일 섭취해 주어야 한다.
- 뼈, 연골, 체내 기타 결합조직에 필요하며, 성장기 필요량이 증가한다. 또한 당질 및 지질 대사에 조효소로 작용하고, 단백질 이용과 합성에 중추적인 역할을 한다.
- 결핍 시 각기병, 성장지연, 피로, 과민성, 두통, 잦은 기분변화, 기억력 상실 등 정신피로 및 안면홍조 등이 생길 수 있다.

〈표 5-6〉 **수용성 비타민의 영양섭취 기준**

연 령	비타민 C (mg)		티아민 (mg)		리보플라빈 (mg)		니아신 (mg NE)		비타민 B_6 (mg)		엽산 (μg DFE)	
	권장 섭취량	충분 섭취량	권장 섭취량	충분 섭취량	권장 섭취량	충분 섭취량	권장 섭취량	충분 섭취량	권장 섭취량	충분 섭취량	권장 섭취량	충분 섭취량
남자 6~8(세)	55		0.7		0.9		9		0.9		220	
9~11	70		0.9		1.2		12		1.1		300	
여자 6~8(세)	60		0.7		0.8		9		0.9		220	
9~11	80		0.9		1.0		12		1.1		300	

출처 : 한국영양학회(2015). 2015 한국인 영양소 섭취기준.

5) 무기질

- 성장 발육 및 조직의 구성과 생체기능의 조절을 담당하는 중요한 물질이다.
- 학령기 아동은 많은 양의 칼슘이 필요하다.
- 매 식사 때 무기질 공급이 중요하다.
- 결핍 시 구루병, 골연화증, 골다공증 악화, 신경과민, 설사, 체온조절 이상, 성장부진, 생식기 부전증 및 면역기능 저하 등이 생길 수 있다.

〈표 5-7〉 무기질의 영양섭취 기준

연 령	칼슘 (mg)		철 (mg)		요오드 (μg)		아연 (mg)		마그네슘 (mg)		나트륨 (mg)		칼륨 (mg)	
	권장 섭취량	충분 섭취량	권장 섭취량	충분 섭취량	권장 섭취량	충분 섭취량	권장 섭취량	충분 섭취량	권장 섭취량	충분 섭취량	권장 섭취량	충분 섭취량	권장 섭취량	충분 섭취량
남자 6~8(세)	700		9		100		6		160			1,200		2,600
9~11	800		10		110		8		230			1,400		3,000
여자 6~8(세)	700		8		100		5		150			1,200		2,600
9~11	800		10		110		8		230			1,400		3,000

출처 : 한국영양학회(2015). 2015 한국인 영양소 섭취기준.

〈표 5-8〉 아동기 발달 특성과 영양과의 관계

신체 · 생리적 성장	영양과의 관계
- 지속적이고 서서히 이루어지는 성장으로 특징지을 수 있는 잠복기이다. - 개인 성장률의 차이가 크다. - 소화기계가 성숙한다. 많은 양의 식사를 소화할 수 있으며 식사 빈도가 줄어든다. - 영구치가 발현된다. - 사회화가 계속 진행되고 독립심이 증가된다. - 다가오는 사춘기의 급성장에 대비하여 비축한다. 이 시기가 끝나면 소녀들은 성숙기로 들어선다.	- 체중 단위당 필요한 영양소가 계속해서 줄어든다. 식이섭취는 규칙적이고 식욕은 사춘기의 급격한 성장에 대비해서 점진적으로 증가한다. - 식사양상 : 세 끼의 식사와 두 번의 간식으로 형성된다. - 불소, 비타민 A, D, 칼슘과 인을 포함하는 영양소는 치아 건강에 중요하다. - 부모의 감시자 역할은 줄어든다. 광고가 음식선택에 영향을 준다. 섭취음식이 더욱 다양해진다. - 학령기가 끝날 무렵 영양 요구량은 사춘기의 급격한 성장에 대비해 늘어난다.

4 아동기 식생활 관리 및 식습관 지도

아동기는 신체와 정신 발달이 현저한 시기로서 이때의 영양 상태나 식습관은 일생을 통한 식생활에 장기적으로 영향을 줄 수 있다. 이 시기에 영양상 결함이 생기면 건강하지 못하게 자랄 수 있으며, 성인이 되더라도 사회의 한 구성원으로 자기의 책임을 다하지 못하는 사람이 될 수도 있다. 따라서 아동기의 영양에 관하여 올바른 지식을 가져야 하며, 올바른 식습관을 길러주어야 한다.

1) 아동기 식습관 형성

- 가족의 나쁜 식습관이나 편식의 습성은 아동의 식습관에 영향을 미침
- 불규칙한 식사 시간은 심한 공복감을, 식사 간격의 단축은 만복감을 느끼게 한다.
- 학령기는 규칙적인 생활을 하고, 식욕이 증가하며, 섭취하는 음식의 양이 많아진다.
- 이 시기에 영양이 불량하면 육체적 · 정신적으로 피로감을 느낀다.

2) 하루 식사의 중요성

학령기 아동은 학교생활로 인하여 비교적 규칙적인 생활을 하고 나름대로 생활의 리듬이 잡혀가기 때문에 점차로 식욕이 증가하고 섭취하는 음식의 양도 많아진다. 이때에는 어른과 같이 세 끼의 식사만으로 증가된 하루의 영양 필요량을 충족시키기에 부족하므로 세 끼 식사 외에 간식이 필요하다. 그러므로 교사나 부모들은 영양교육을 통하여 매 식사의 중요성을 인식시키고, 어느 한 끼를 거르거나 과식하지 않도록 지도해야 한다.

(1) 아침식사

특히 아침식사는 매우 중요하다. 연구결과에 의하면 아침식사를 한 집단이 아침식사를 하지 않은 집단보다 문제해결능력이 우수하며, 단기간의 기억능력도 우수하다고 한다. 아침을 거르거나 부실하게 하는 경우, 수업시간에 집중력이 떨어지고 더 피로하고 주의가 산만해지는 등 학업수행에도 부정적인 결과가 나타났다.

(2) 점심식사

점심식사는 1일 전체 칼로리의 약 1/3과 그 밖의 영양소 필요량을 공급한다. 따라서 빈약한 점심식사로 인해 생기는 결핍은 다른 식사, 간식으로 보충되지 않는다.

(3) 저녁식사

저녁식사 시의 정서적 환경은 아동의 영양 섭취에 큰 영향을 준다. 식사시간에 야단을 치는 것은 아동의 식품섭취 수준을 감소시킬 수 있기 때문에 꾸짖는 일 또는 훈계는 자제하고, 아동이 매우 편안한 마음으로 긴장감 없이 즐길 수 있도록 분위기를 조성해야 한다.

(4) 식사 횟수와 방법

- 1일 3회를 통해 에너지 필요량을 공급하고, 간식을 포함하여 배분한다.
- 하루 에너지 필요량의 1/4~1/3은 아침식사로, 1/3은 점심식사로 적정량을 배분하여 제공한다.
- 한 끼 구성식단은 식사구성안의 각 식품군을 포함시켜야 한다.
- 질 좋은 단백질 식품, 칼슘, 비타민, 미네랄을 공급한다.
- 지방, 포화지방, 콜레스테롤, 나트륨(소량으로 제한)을 제한한다.

- 탄산음료, 사탕, 튀김과자 등을 후식이나 간식으로 포함시키지 않아야 한다.
- 단 음식, 짠 음식 등 자극성이 강한 음식은 제한한다.

(5) 간식

- 단위체중당 영양소 필요량이 높지만 실제로는 소화흡수 기능이 완전하지 않으므로 하루 세 끼 식사만으로는 필요한 영양을 충분히 섭취하기가 어려우므로 간식이 필요하다.
- 간식은 하루의 영양소 필요량을 공급하고, 사회적인 필요를 충족시키는 기능을 한다.
- 간식 제공 시 주의할 점
  - 정해진 시간에 먹기
  - 손을 씻고 먹기
  - 되도록 우유 곁들여 먹기
  - 너무 많이 먹지 않기
  - 불량식품 먹지 않기
  - 먹은 다음엔 반드시 양치질하기

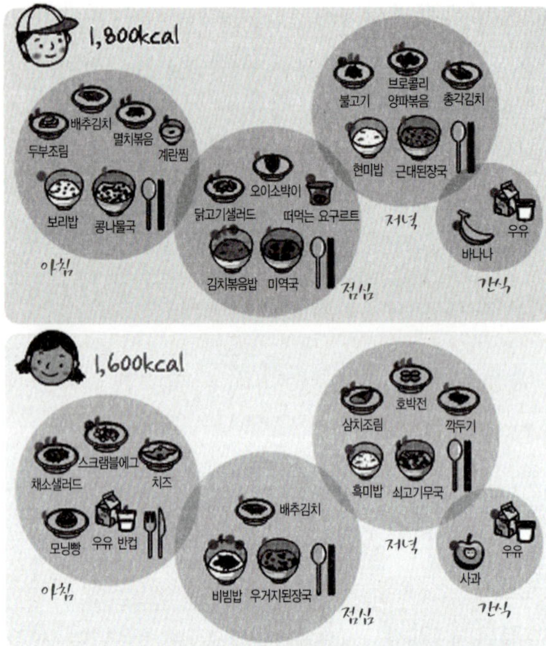

- 곡류 1인 1회 분량
- 채소류 1인 1회 분량
- 우유 · 유제품류 1인 1회 분량
- 고기 · 생산 · 계란 · 콩류 1인 1회 분량
- 과일류 1인 1회 분량
- 유지 · 당류 1인 1회 분량

| 그림 5-1 | 학령기 하루 식사의 예

출처 : 식품의약품안전청 · (사)대한지역사회영양학회(2012).

3) 아동기의 올바른 식습관 지도

(1) 음식을 먹기 전에

① 손을 깨끗이 씻고 옷과 머리를 단정히 하고 차례로 줄을 서서 기다린다.

② 수저와 젓가락을 들고 식판에 배식 후 식탁에 가서 앉는다.

③ 식사할 친구들이 자리에 다 앉을 때까지 조용히 기다린다.

④ "감사히 잘 먹겠습니다." 고마운 마음으로 인사한다.

(2) 음식을 먹을 때

- 팔꿈치를 식탁 위에 올려놓지 않는다.
- 음식은 씹기에 알맞은 정도로 입에 넣고 음식이 입 밖으로 나오지 않도록 입을 다물고 먹는다.
- 음식물을 입안에 넣고 먹을 때 소리를 내지 않도록 한다.
- 국물을 마실 때는 그릇째 들어 마셔서는 안 되고 숟가락으로 떠서 소리 나지 않게 마신다.
- 음식을 먹는 도중 기침이 나오는 경우 고개를 옆으로 돌리고 입을 손으로 가려 음식물이 튀어나오지 않게 한다.
- 여러 가지 즐거운 이야기를 하면서 먹을 때도 입안에 음식물이 들어 있지 않을 때 이야기를 한다.
- 밥만 먹지 말고 반찬도 골고루 집어먹도록 한다.
- 식사 중 자리를 뜨지 않도록 한다.
- 같이 밥을 먹는 사람들과 보조를 맞추어 가면서 먹는다.

(3) 음료를 마실 때

- 뜨겁다고 후후 소리를 내어 불지 않는다.
- 마실 때는 꿀떡꿀떡 소리를 내지 않는다.
- 우유는 단숨에 마시지 말고 한두 모금씩 씹는 듯이 천천히 마신다.

(4) 수저를 사용할 때

- 숟가락이나 젓가락을 동시에 사용하는 일 없이 하나씩 사용하도록 한다.
- 식사 도중 수저를 상에 탁탁 놓거나 바닥에 떨어뜨려 옆 사람이 불안하지 않도록 한다.

(5) 식사가 끝났을 때

- 입가에 묻은 음식물을 휴지 등으로 꼭 닦아내도록 한다.
- 주위에 흘린 음식은 주워서 용기에 담는다.
- 먹다 남은 음식은 일정한 용기에 버린다.
- 식기는 정해진 장소에 조용히 갖다 놓는다.
- 차례로 줄을 서서 조용히 교실로 와서 휴식한다.

(6) 가정에서의 식습관 지도

아동기는 식생활 습관의 기초가 형성되는 중요한 시기이다. 특히 아동의 경우에는 자발적으로 자신의 식습관을 고치기가 어렵다. 그러므로 가정의 식사 때에도 부모가 모범적인 식사 태도를 보여주어야 한다.

(7) 아동의 식습관 지도

- 하루에 필요한 양을 충실하게 규칙적으로 식사한다.
- 식품을 바르게 선택할 수 있도록 지도한다.
- 편식을 교정하도록 계획적으로 지도한다.
- 과식, 폭식을 막는다.
- 잘못된 식습관을 바로잡고 어른은 행동으로 모범을 보인다.
- 식생활에 대한 이해를 깊이 하고 바른 식습관을 몸에 익히도록 한다.
- 절기음식, 전통음식, 계절식품에 접할 수 있도록 한다.

실제 5-1

활동명	김치전 만들기	활동유형	요리활동	활동형태	소집단
대상연령	만 5세			소요시간	40분
활동목표	• 요리 도구를 바르게 사용하는 방법을 알 수 있다. • 김치를 이용하여 다양한 음식을 만들 수 있다.				
교육과정 관련요소	• 자연탐구 – 과학적 탐구하기 – 물체와 물질 알아보기, 간단한 도구와 기계 활용하기, 기초적인 측정하기 • 사회관계 – 다른 사람과 더불어 생활하기 – 사회적 가치를 알고 지키기 • 신체운동 · 건강 – 안전하게 생활하기 – 비상시 적절히 대처하기 • 의사소통 – 말하기 – 느낌, 생각, 경험 말하기 • 자연탐구 – 탐구하는 태도 기르기 – 탐구과정 즐기기				
준비물	김치, 부침가루, 식용유, 계란, 쟁반, 전기 프라이팬, 칼, 도마, 뒤집개, 접시, 음식 부분사진, 요리순서도				
참고자료	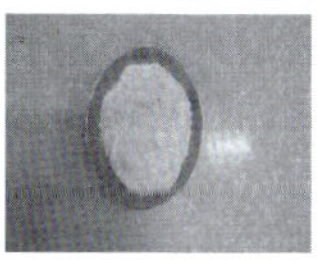	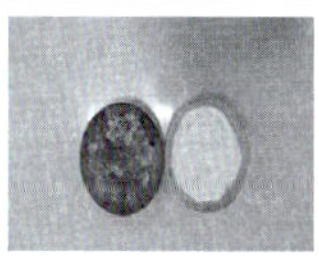			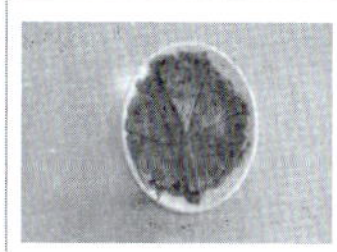
활동방법	〈도 입〉 1. 손을 닦고 모여 앉는다. 2. 수수께끼를 낸다. – 나는 무엇일까요? – 땅에서 자라요. 3. 부분사진을 보여준다. – 어떤 음식의 부분일까요? 4. 김치전을 만들 때 지켜야 할 약속을 정한다. – 화전 만들기를 할 때 우리가 지켜야 할 약속은 어떤 것들이 있을까요? – 뜨거운 전기 프라이팬을 이용할 때는 어떻게 해야 할까요? 〈전 개〉 5. 요리 순서표를 보고, 만드는 과정을 안다. ① 김치를 꼭 짠 후 잘게 썬다.				

<table>
<tr><td>활동방법</td><td>② 밀가루에 물과 달걀을 넣어 반죽한다.
③ 반죽에 자른 김치를 넣어 섞는다.
④ 팬에 기름을 두르고 한 국자씩 넣고 노릇노릇 지진다.
⑤ 먹기 좋은 크기로 잘라 담아 접시에 담아낸다.
6. 재료들이 변화되어 가는 모습을 살핀다.
• 냄새는 어떠니?
• 색깔과 모양은 어떻게 변하니?
7. 다 익으면 조각을 내어 유아들의 개인 접시에 담아 먹으면서 맛에 대해 이야기를 나눈다.

〈마무리〉
8. 손을 씻고 모여 앉아 회상하기 활동을 한다.
9. 요리활동에 대해 자기의 느낌을 활동표에 정리해 보면서 활동을 마무리한다.</td></tr>
<tr><td>확장활동</td><td>김치전 만드는 과정에 대한 동시 짓기, 김치전 꾸미기 조형활동</td></tr>
<tr><td>유의점</td><td>• 칼은 빵칼이나 칼날이 무딘 것으로 준비한다.
• 촉감을 비교할 때에는 뜨겁지 않게 식힌 화전을 제시하여 만져보도록 한다.</td></tr>
</table>

실제 5-2

유아교육기관 학부모 급식 모니터링단이 되어보자! 내가 다니는 학교나 주변의 유아교육기관을 방문하여 급식 모니터링을 해본다.

※ 급식 모니터링 역할 및 방법

1. 급식 모니터 요원의 역할
   - 급식운영 공개 및 학부모 참여 확대
   - 식재료 납품업체 감시활동을 통한 품질 및 신선도 등의 우수성 확보에 기여
   - 유아교육기관 급식 위생관리에 대한 감시활동을 통한 위생관리 수준 향상
   - 학부모에 대한 유아교육기관 급식의 이해와 역할 홍보
2. 검수 및 모니터 일정
   ① 시행시간
   ② 급식물품 검수서를 보고 당일 납품된 물품의 수량, 상태, 맛, 유통기한 등을 확인 후 기록지 작성(p. 124 검수활동 기록지 참고)
   ③ ○○명을 기준으로 매주 2명씩 ○○주간 활동
3. 모니터링 방법
   - 검수란, 납품된 식재료의 품질, 선도, 위생, 수량, 규격 및 급식품 사양이 구매요구서(발주서)와 동일한지를 검사하여 수령 여부를 판단하는 과정
     ▸ 급식물품 검수서를 보고 당일 납품된 물품의 수량, 상태, 맛, 유통기한 등을 확인 후 기록지 작성
     ▸ 검수 시 필요한 도구 : 디지털 저울, 온도계, 1회용 장갑(급식실 비치)
     ▸ 주의사항
       ★ 급식실 출입 시 급식실 후문을 이용하고, 신발 소독판에 신발바닥을 소독한 후 위생화로 바꿔 신고 출입

★ 검수 전에는 항상 위생복장을 착용(급식실 제공), 손을 깨끗이 씻고 알코올로 손 소독을 한 후에 실시

<table>
<tr><th>품 목</th><th>검 수 사 항</th></tr>
<tr><td>잡곡류</td><td>▸ 원산지 표기
▸ 발주서와 일치 여부 확인
▸ 이물질 혼합 여부</td></tr>
<tr><td>김치류</td><td>▸ 맛, 숙성도 확인(관능 평가)
▸ 발주서와 일치 여부 확인
▸ 냉장차 운송 여부 확인
▸ 온도 확인(10℃ 이하)</td></tr>
<tr><td>채소
과일류</td><td>▸ 발주서의 내용과 일치 여부 확인 : 품목, 중량, 규격, 개수
▸ 원산지 표기 : 수입산, 국산 확인
▸ 색깔, 모양, 변질 여부를 냄새와 육안으로 확인
▸ 과일은 당도, 모양, 숙성도, 개수를 확인
▸ 온도확인 : 일반 채소 상온, 전처리된 채소 5℃ 이하</td></tr>
<tr><td>돼지고기
쇠고기</td><td>▸ 발주서의 내용과 일치 여부 확인 : 품목, 중량, 부위, 썰기 형태
▸ 온도측정 : 냉장이나 냉동이 잘 된 상태인지 확인(육류 5℃ 이하)
▸ 색이 밤색, 초록색, 보라색은 미생물의 균체 증거가 되며, 검정색, 하얀색, 초록색은 곰팡이가 생겨서나 냉동상태가 나쁨을 나타냄
▸ 지방이 골고루 퍼져 있을수록 좋음
▸ 쇠고기 등급
<table>
<tr><th></th><th colspan="4">육 질</th></tr>
<tr><th></th><th></th><th>1</th><th>2</th><th>3</th></tr>
<tr><td rowspan="3">육 량</td><td>A</td><td>A1</td><td>A2</td><td>A3</td></tr>
<tr><td>B</td><td>B1</td><td>B2</td><td>B3</td></tr>
<tr><td>C</td><td>C1</td><td>C2</td><td>C3</td></tr>
<tr><td>등급 외</td><td colspan="4">D</td></tr>
</table>
▸ 학교는 1등급 한우만을 사용
고기는 도축증명서와 같이 납품받음(신청인 확인, 등급 확인)
▸ 냉동탑차 운행 여부(온도 확인 10℃ 이하)</td></tr>
</table>

닭고기	▸ 발주서와 일치 여부 확인(크기, 중량, 부위가 일정한가) ▸ 냉장 · 냉동상태 확인(온도 측정 : 냉장상태 5℃ 이하, 냉동상태 0℃ 이하) ▸ 포장상태 확인(상품명 확인) ▸ 냄새가 심하거나 날개부분이 끈적거리고 날개 끝이 어두우면 부패
공산품	▸ 발주서와 일치 여부 확인(상품명, 중량, 개수) ▸ 유통기한 확인 ▸ 포장상태 양호 여부(통조림은 찌그러지거나 부풀어 오르면 안 됨) ▸ 식품위생법규에 의한 표시사항 : 제품명, 성분, 영업허가번호 등
달 걀	▸ 깨어서 탄력이 있고 노른자, 흰자가 쉽게 섞이면 안 됨
생선류 패류	▸ 발주서와 일치 여부 확인(개수, 크기, 중량) ▸ 냉장 · 냉동상태 확인(온도 측정 : 냉장상태 5℃ 이하, 냉동상태 0℃ 이하) ▸ 냉장 · 냉동차 운반 여부 ▸ 원산지 표기
기 타	▸ 냉장식품 온도 10℃ 이하 ▸ 냉동식품 온도 0℃ 이하, 특히 녹은 흔적이 없어야 함

〈검수활동 기록지〉

＊실시일자 : 년 월 일 요일

◉ 해당 사항에 양호(○) · 미흡(×) 표시해 주세요.

참 여 분 야	● 검수 ● 조리실 위생상태
식 단	1. 오늘 식단의 검토(간략하게 기재, 계절식품, 전체 조화도 고려할 것) 2. 평상시 식단에 대한 간단한 의견을 적어주세요.
검 수	3. 식재료 검수과정의 참여 ① 수량 확인 ( ) ② 발주된 제품사양과의 적합성 및 원산지 확인 ( ) ③ 신선도 및 품질 확인 ( ) ④ 검수온도 확인 ( ) ⑤ 유통기한 및 제조일자 확인 ( ) ⑥ 납품 시 위생 상태 ( ) ⑦ 냉장 · 냉동고의 적정 보관상태 ( )
조리실 위생상태	4. 조리실 위생 참관 ① 조리원 복장 청결 및 위생 상태 (양호, 보통, 불량) ② 조리원 손 세척 및 소독 상태 (양호, 보통, 불량) ③ 조리실 청소 및 소독 상태 (양호, 보통, 불량) ④ 조리원 발판 소독 시행 상태 (양호, 보통, 불량) ⑤ 용기, 장갑구분 및 칼, 도마 등 위생기구의 소독 상태 (양호, 보통, 불량) ⑥ 냉장고 가동 및 청결 관리 상태 (양호, 보통, 불량) ⑦ 식재료 관리 상태 (양호, 보통, 불량) ⑧ 식품창고의 정리정돈 상태 (양호, 보통, 불량)
건의사항 (수요자 의견)	▸ 잘 되고 있는 점이나 개선되었으면 하는 것
참여자 현황	⊙ ( )반 ( )의 학부모 성명 : (인)

건 강 문 진 표		
현재 또는 2주 이내에 설사를 한 적이 있습니까?	예	아니요
눈, 귀 또는 코에서 진물이나 고름이 나옵니까?	예	아니요
피부감염(화상, 화농성 질환 또는 상처 등)이 있습니까?	예	아니요
피부발적/ 습진이 있습니까?	예	아니요
알레르기 증세가 있습니까?	예	아니요

CHAPTER 06

특수영양관리

1. 식욕부진
2. 편 식
3. 비 만
4. 식품 알레르기
5. 충치(치아 우식증)

CHAPTER

06 특수영양관리

영유아기의 영양문제는 발육과 성장 및 영양 상태에 큰 영향을 미칠 수가 있다. 이 장에서는 최근 많이 등장하는 영유아가 음식물을 먹고자 하는 욕구가 떨어지거나 없어진 상태의 식욕부진과 특별한 식품만 좋아하고 다른 식품을 거부하는 편식, 과잉섭취로 인한 비만 그리고 식품에 대해 이상반응이 나타나는 식품 알레르기, 충치에 대해 살펴보고자 한다.

1 식욕부진

영유아기는 신체성장이 급속도로 이루어지는 시기로 영유아의 균형 있는 식사는 신체를 제대로 발육시키고 건강을 유지하기에 필요하다. 그런데 영유아가 밥을 잘 안 먹으려 하거나 간식으로 해결하려고 하는 경우 식욕부진을 생각해 볼 수 있다.

영유아기 식욕부진이란 음식물을 먹고자 하는 욕구가 떨어지거나 없어진 상태를 말하며, 실제로 평소에 먹던 양보다 음식물 섭취량이 줄거나 전혀 먹지 못하는 수도 있다. 물론 일시적인 식욕부진은 시간이 지나면 정상으로 돌아가는 것을 볼 수 있기 때문에 걱정할 필요가 없고 치료를 할 필요도 없다. 그러나 식욕부진이 오랜 기간 지속되거나 점차 심해지고, 다른 증상들이 동반된다면 그 원인을 찾는 것이 중요하다.

1) 식욕부진의 원인

- 식욕부진은 신경성 식욕 부진증의 중요한 증상일 수 있으며 또는 질환에 의해서 나타날 수도 있다.
- 때로는 영유아가 인스턴트식품이나 과자, 탄산음료 등을 많이 먹어 식욕부진을 겪을 수도 있다.
- 식욕 부진증은 사회가 복잡해지고 고도의 경쟁 사회가 되면서 스트레스의 증가에 의해 나타날 수도 있다. 스트레스를 받게 되면 뇌 속에서 식욕을 조절하는 물질이 나와 음식 섭취를 조절하는 신경 부분에 이상을 일으키기 때문이다.
- 정신적으로 피로하거나 잠을 못 잤을 때에는 침과 위액이 잘 나오지 않으므로 식욕부진이 일어난다.
- 때로는 식욕부진이 일어나는 것은 몸 안에 어떤 병이 생겼다는 신호이기도 하다. 특히 감기와 같이 열이 나거나 장염, 비염, 변비가 오래 계속되어도 일어날 수 있다.
- 날씨가 너무 춥거나 더워도 식욕이 떨어질 수 있다.
- 그 외에도 영유아가 운동량이 부족하거나 심리적 욕구불만이 있는 경우에도 식욕부진이 일어날 수 있다.

이상과 같이 여러 가지 원인에 의해 식욕부진이 일어날 수 있다. 일시적인 식욕의 변화는 자연스러운 현상이지만 영유아기에 식욕부진의 기간이 오래 지속되다 보면 잘못된 식습관과 제대로 된 발육이 일어나지 않을 수 있다.

따라서 식욕부진의 원인을 찾아 분석한 다음에 적절하게 대응하여야 한다.

2) 식욕부진의 예방법

- 간식은 반드시 식사 이후에 주는 것이 좋다.
- 영유아에게 억지로 음식을 먹이는 행동은 삼가야 한다.
- 양육자가 맛있게 식사를 해 아이의 호기심을 유발하는 것이 좋다.
- 잘 먹는 영유아에게 칭찬을 듬뿍 해주는 것이 좋다.
- 영유아가 좋아하는 캐릭터가 그려진 식기에 음식을 담아주고 음식의 모양도 영유아가 좋아하는 모양으로 만들어 주면 효과적이다.

2 편 식

음식물에 대한 선호는 누구에게나 있는 현상이지만 이것이 심한 경우 편식이라 한다. 즉, 편식이라는 말은 어떤 종류의 식품만 좋아하고 다른 식품을 거부할 때 흔히 사용된다. 물론 식품은 개인에 따라 맛을 느끼는 정도가 다르고 좋아하고 싫어하는 개인의 선호 또는 기피 현상이 있을 수 있다. 하지만 영유아시기에 특정 식품에 대한 선호에 의해 음식 선택의 폭이 감소되다 보면 영양적으로 불균형을 이루게 되어 발육과 성장 및 영양 상태에 큰 영향을 미칠 수가 있다. 물론 어떤 종류의 식품을 기피한다 하더라도 영양소의 성분 구성이 유사한 다른 식품을 먹는다면 최소한 영양적으로는 문제가 없을 수 있다. 하지만 전체적으로 특정한 식품에 대한 섭취 기회가 적어짐으로써 편식을 더욱 강화시키는 결과를 초래할 수 있다. 영유아기에 형성된 식품에 대한 기호로 인해 일부 음식만을 섭취하거나 자신이 섭취한 적이 없는 음식은 나중에 그 음식이 제공되는 기회가 있어도 먹지 않게 되는 경우가 있다. 따라서 영유아기의 식품에 대한 기호는 훗날 식습관과 편식의 지속을 가져올 수도 있다.

편식이 생기게 되는 원인을 살펴보면 다음과 같다.

1) 편식의 원인

- **이유기에 형성된 미각** : 인간은 혀로 느끼는 미각 중에서 혀 끝 부분에서 느끼는 단맛에 매우 민감하다. 아직 다양 맛을 경험하지 않은 이유기에 단맛이 있는 이유식만을 제공하다 보면 다른 맛을 배울 기회가 없어 편식을 하게 된다.
- **생리적 원인** : 영유아기는 아직 발달하는 과정으로 혀의 점막 및 여러 감각기의 감수성에 의해 익숙하지 않은 음식을 밀어낼 수 있다. 하지만 반복적으로 조금씩 주다 보면 다양한 음식의 질감과 향에 대해 적응을 할 수가 있다.
- **심리적 원인** : 억지로 먹도록 강요당한 적이 있거나 구토, 복통 등 불쾌한 경험을 하였던 음식을 피하는 등 심리적인 요인으로 편식하게 된다. 싫어하는 음식을 강요하지 말고, 이용 횟수와 양을 서서히 늘려 익숙해지도록 한다.
- **사회 · 경제적 요인** : 영유아가 자라는 환경조건과 경제적으로 어려운 환경에서 다양한 식품을 접하지 않고 성장한 영유아는 식품의 종류 제한으로 인해 편식을 하게 된다.
- **가정의 식사환경** : 과잉보호로 영유아가 싫어하는 음식을 주지 않거나, 부모나 가족이 편식을 할 경우 영유아가 이를 모방하여 편식하게 된다.

이처럼 편식은 다양한 원인으로 출발할 수 있고 지속될 수 있으므로 영유아가 편식을 하지 않도록 유의해야 할 것이다. 특히 영유아기에 시작하는 편식은 점점 자라면서 하나의 식습관으로 고정될 수 있다.

2) 편식의 예방법

- 이미 편식이 시작되었다면, 정확한 원인을 찾아내어 지속되지 않도록 한다.
- 낯선 음식일 경우 처음부터 무리하게 요구하지 말고 아주 적은 양부터 시작하여 음식 양을 조금씩 늘려간다.
- 때로는 조리 방법을 바꾸어 음식의 향과 형태나 입안에서의 느낌을 바꾸어 줄 수 있다.
- 무엇보다 중요한 것은 가족 전체가 서로 노력하여 함께 변화를 가져오도록 하는 것이다.

3 비 만

대부분의 영유아들은 자신이 배고픈 때를 알고 적절히 음식에 대한 요구를 하며 적절량을 섭취한다. 하지만 너무 많이 요구하여 요구와 수용 사이에 균형을 이루지 못하는 영유아도 있다. 또한 인스턴트와 패스트푸드 같은 음식을 먹을 기회가 많아지면서 소모되는 양보다 많은 칼로리를 섭취한다. 즉, 영유아가 성장, 유지활동을 위해 필요한 열량보다 더 많은 열량을 섭취하게 되는 것이다. 이처럼 영유아가 성장, 유지활동을 위해 필요한 열량보다 더 많은 열량을 섭취했을 때 과잉 열량이 중성지방의 형태로 전환되어 피하조직에 많이 쌓인 상태를 비만이라고 한다.

1) 비만관리의 중요성

영유아기 비만관리가 중요한 이유는 비만이 영유아 성장과 직결되기 때문이다. 비만인 영유아들은 성장호르몬의 분비량이 감소되고 지방세포에서 분비되는 호르몬에 의해 뼈 나이가 빨라져 결국 성조숙증의 위험성에 놓인다. 급성장이 이루어지면서 사춘기 또한 빨리 시작하고 빠르게 나타난 2차 성징에 스트레스를 받기도 한다. 성인 비만 못지않게 가속화되는 영유아 비만은 성인이 되어서까지 이어질 수 있어 건강에 더욱 위협적인 요소로 작용된다. 영유아 비만의 경우 지방세포의 크기만 커지는 성인 비만과 달리 세포의 수도 증가한다. 그대로 방치할 경우 치료도 어렵지만 재발도 잘 된다. 영유아 비만이 지속되면 성인이 되었을 때 당뇨, 고혈압, 동맥 경화증, 고지혈증 등 각종 질환에 노출되는 것은 물론 우울감, 과잉행동, 돌발행동, 공격성, 집중력 저하, 무기력증 등 다양한 심리적 문제가 한꺼번에 나타날 위험 또한 높다.

2) 비만평가

비만평가에는 키와 체중을 이용한 측정이 용이하여 자주 사용되지만, 체중은 키에 의해 더 많은 영향을 받으므로 이를 보완하기 위하여 체질량지수를 이용하기도 한다. 가장 대표적인 지수인 체질량지수(BMI : Body Mass Index)는 자신의 체중(단위 : kg)을 키(단위 : m)의 제곱으로 나눈 것으로 체지방을 간접적으로 평가하는 도구다. 하지만 BMI는 WHO에서 권장하고 있는 분류법이지만 19~70세 성인들에게 사용할 수 있다. 영유아 비만 측정에 적절한 표준체중을 이용한 비만도 측정은 다음 <표 6-1>과 같이 계산한다.

〈표 6-1〉 유아비만 판정 예시

❶ 신장과 체중을 측정한다.

성 별	연 령	신 장	현재 체중
남자	3세	94.5cm	20.5kg

❷ 한국 소아·청소년 신체발육 표준치를 활용하여 표준체중을 확인한다.

표준체중 : 14.34kg

신장 (cm)	남아	여아	신장 (cm)	남아	여아	신장 (cm)	남아	여아	신장 (cm)	남아	여아
44~45	2.64	2.47	80~81	11.14	10.79	116~117	21.40	20.93	152~153	45.92	45.71
45~46	2.71	2.62	81~82	11.37	11.03	117~118	21.85	21.40	153~154	46.80	46.64
46~47	2.81	2.80	82~83	11.60	11.27	118~119	22.31	21.83	154~155	47.68	47.57
47~48	2.94	2.99	83~84	11.83	11.51	119~120	22.79	22.27	155~156	48.57	48.50
48~49	3.10	3.19	84~85	12.05	11.76	120~121	23.28	22.72	156~157	49.46	49.42
49~50	3.27	3.39	85~86	12.28	12.00	121~122	23.78	23.19	157~158	50.56	50.33
50~51	3.46	3.60	86~87	12.50	12.24	122~123	24.30	23.67	158~159	51.26	51.23
51~52	3.67	3.81	87~88	12.73	12.48	123~124	24.83	24.16	159~160	52.16	52.12
52~53	3.89	4.03	88~89	12.96	12.73	124~125	25.38	24.68	160~161	53.06	52.99
53~54	4.12	4.25	89~90	13.18	12.97	125~126	25.93	25.20	161~162	53.97	53.85
54~55	4.37	4.48	90~91	13.41	13.22	126~127	26.51	25.75	162~163	54.87	54.68
55~56	4.62	4.71	91~92	13.64	13.46	127~128	27.10	26.31	163~164	55.77	53.48
56~57	4.87	4.94	92~93	13.87	13.71	128~129	27.70	26.89	164~165	56.67	56.25
57~58	5.14	5.17	93~94	14.10	13.96	129~130	28.32	27.48	165~166	57.57	56.98
58~59	5.40	5.41	94~95	14.34	14.21	130~131	28.95	28.09	166~167	58.47	57.67
59~60	5.67	5.64	95~96	14.58	14.46	131~132	29.59	28.72	167~168	59.36	58.32
60~61	5.95	5.88	96~97	14.82	14.71	132~133	30.25	29.37	168~169	60.25	58.95
61~62	6.22	6.12	97~98	15.07	14.97	133~134	30.92	30.04	169~170	61.14	59.47
62~63	6.50	6.36	98~99	15.33	15.23	134~135	31.61	30.72	170~171	62.02	59.98
63~64	6.77	6.60	99~100	15.59	15.49	135~136	32.31	31.42	171~172	62.90	60.39

64~65	7.05	6.85	100~101	15.85	15.76	136~137	33.02	32.14	172~173	63.77	60.74
65~66	7.33	7.09	101~102	16.13	16.03	137~138	33.74	32.88	173~174	64.63	61.02
66~67	7.60	7.34	102~103	16.41	16.31	138~139	34.48	33.63	174~175	65.49	
67~68	7.87	7.58	103~104	16.70	16.59	139~140	35.23	34.40	175~176	66.53	
68~69	8.14	7.83	104~105	16.99	16.88	140~141	35.99	35.19	176~177	67.18	
69~70	8.41	8.08	105~106	17.30	17.17	141~142	36.76	36.00	177~178	68.01	

출처 : 질병관리본부 · 대한소아과학회(2007). 소아 · 청소년 표준 성장도표.

❸ 비만도(%)를 구한다.

142.9%(비만도) = 20.5kg(현재 체중) / 14.34kg(신장별 표준체중) × 100

❹ 비만도 평가 기준을 확인하여 판정한다.

구 분	평가기준
정 상	성별 신장별 표준체중의 120%
경도비만	성별 신장별 표준체중의 120~129%
중등도비만	성별 신장별 표준체중의 130~149%
고도비만	성별 신장별 표준체중의 150% 이상

❺ 결과 : 남자 어린이는 중등도비만이므로 비만관리가 필요하다.

3) 비만의 원인

첫째, 식습관의 문제를 들 수 있다

습관적인 과식으로 인해 과잉 에너지가 생길 수 있으며 빨리 먹는 습관으로 포만감을 늦게 느낀다. 식사내용도 탄수화물의 섭취량이 많고 간식과 고열량 음식을 좋아한다. 이러한 식습관들은 과열량으로 체중이 증가하게 되는 원인을 제공한다. 또한 음식을 지나치게 빨리 먹으면 뇌가 포만감을 느끼기도 전에 음식의 섭취가 끝나 과식 위험이 있다.

둘째, 생활습관에 의한 것이다

운동부족과 반복되는 정적인 일상생활 습관이다. 대부분 전자오락이나 텔레비전, 컴퓨터 등 실내오락으로 여가 시간을 보내기 때문에 뛰어 놀고 운동을 하면서 에너지를 소비할 기회가 줄어 비만이 현저히 증가하고 있다.

셋째, 생활환경 요인이 있을 수 있다

한 가족의 생활환경은 유사하며, 식사내용이 비만이 되기 쉬운 음식으로 구성될 경우 비만이 발생될 수 있다.

4) 비만의 예방법

(1) 식습관 요인

- 간식을 많이 먹었다면 완전히 끊기보다는 채소와 과일 위주로 하루 두 번 정도 먹는 것이 좋다.
- 공복시간에 먹는 간식은 포만감을 주고 과식을 막는 데 도움이 된다.
- 천천히 식사를 하여 포만감을 느낄 수 있도록 도와주어야 하며, 성장에 따른 체중 대 신장의 비가 바람직한 수준이 되도록 열량 섭취를 조절하는 등 식사관리를 하여야 한다.

(2) 생활습관 요인

운동은 기초대사율을 높여 저장된 에너지가 소비되므로 체중 감소를 위하여 효과적인 방법이다. 가족이 함께 줄넘기나 자전거타기 등 실외에서 하는 신체활동을 정기적이고 지속적으로 하도록 유도한다.

(3) 생활환경 요인

가족 전체의 식문화를 바꾸는 것이 필요하다. 평소 가공식품을 자주 먹는다면 가족 전체가 먹지 않도록 노력해야 하고 영양소를 골고루 섭취할 수 있도록 식단을 구성하는 것이 좋다.

비만은 대부분 식습관과 생활 습관, 환경적 요인에 의해 나타나고 이러한 올바르지 못한 습관은 성인 비만으로까지 이어지므로 더 늦기 전에 식습관과 생활 습관의 악순환에서 벗어나야 한다. 또한 식습관을 교정하는 과정에서 무엇보다 중요한 것은 영유아의 마음을 잘 이해하고 보듬어 주는 것이다. 상처받은 영유아의 마음을 세심하게 보살피며 응원하고 힘을 준다면 자존감을 회복하여 잘못된 습관을 좀 더 효과적으로 고쳐나갈 수 있다.

4 식품 알레르기

식품 알레르기(food allergy)는 일반적인 알레르기와는 달리 특정 사람이 어떤 음식을 먹으면 장 혹은 몸속에서 반응하여 불편한 증세를 일으키는 것을 의미한다. 즉, 식품 중의 성분이 항원이 되어 발병하는 알레르기 반응으로 동·식물성 단백질이 대부분이지만, 전분이나 지방질도 원인이 될 수 있다. 특히 영유아는 소화기관이 미성숙되어 있으므로 분자량이 큰 단백질 식품을 섭취하게 되면 신체조직에서 다른 종류의 단백질로 인식하여 알레르기 반응이 유발되지만 연령이 증가하면서 발병률이 저하된다. 그리고 가족 중 식품 알레르기를 가진 사람이 있으면 알레르기가 발생할 확률이 더 높다.

1) 일반적으로 식품 알레르기를 일으키는 주요 식품

① 영유아 및 어린이의 경우

우유, 달걀, 땅콩 대두, 밀이 원인 식품의 90%를 차지

② 청소년 및 성인의 경우

땅콩 및 견과류, 생선, 조개류 등이 원인 식품의 85%를 차지

2) 식품 알레르기 증상

식품 알레르기의 증상은 식품 섭취 후 수십 분 내에 증상이 나타나는 즉시형, 수 시간~수일간 발병하는 지연형 등이 있다. 주로 가려움을 동반한 발진, 발열과 같은 전신 증상, 입술과 입 주변의 부종, 구토, 설사, 복통과 같은 소화기 증상도 보인다. 더 심한 경우에는 호흡곤란, 가슴의 압박감, 숨막힘, 빈맥, 현기증, 의식소실이 발생하기도 한다.

3) 식품 알레르기 예방법

- 식품 알레르기는 지역과 연령, 개인차에 따라 다르지만 식품 알레르기의 원인이 되는 식품을 철저히 제한하는 경우 자연 소실되는 것으로 알려져 있다.
- 알레르기의 원인이 되는 식품을 찾아내어 섭취를 제한하는 식이 관리가 매우 중요하다. 그러나 한창 성장 중인 영유아에게 중요 식품군을 제한할 때 성장 발달 장애를 비롯한 영양실조 등의 부작용이 초래될 수 있기 때문에 같은 영양소를 공급받을 수 있는 다른 식품으로 대체할 수 있도록 한다.

5 충치(치아 우식증)

영아기에는 이가 나기 시작해서 만 2세 정도에 총 20개의 이가 나오는데, 이를 젖니라 한다. 젖니란 유치(乳齒) 또는 탈락치라고도 하며, 뒤에 나는 치아를 영구치 또는 간니라 한다. 사람은 출생 후 6~8개월부터 유백색의 유치가 나기 시작하는데, 총 20개가 된다. 만 2세 정도가 되면 총 20개의 젖니가 완성되며, 만 6세경부터는 먼저 난 치아부터 탈락하기 시작하고, 그 후에 영구치가 나오기 시작한다. 또한 젖니는 영구치가 질서 있게 나는 데 중요한 역할을 하는 것은 물론 심미적, 발음기능, 음식물 섭취기능, 턱뼈의 정상발육에 매우 중요한 역할을 수행한다.

충치의 정확한 병명은 치아 우식증이다. 이를 구성하고 있는 조직 부분 중 단단한 부분이 침식되는 질환 또는 그렇게 된 이를 말한다.

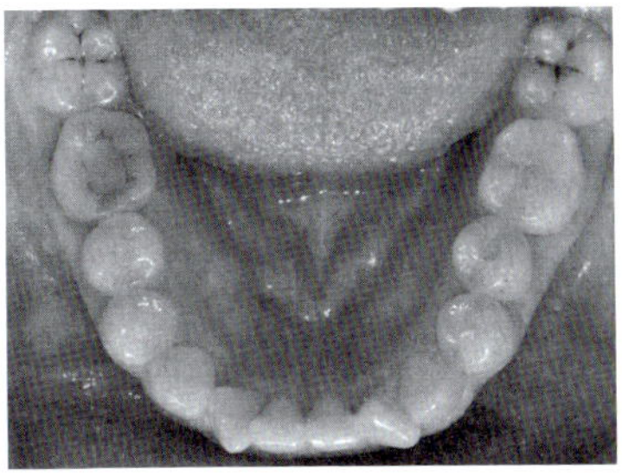

출처 : 수원우리사랑치과.

충치는 초기에는 아주 미세한 흰 반점의 형태로 생겨, 점차 갈색 반점으로 변화되고 그 크기가 커지고 깊어지면 통증을 느끼게 된다. 특히 치아 인접면에 발생한 충치는 주위의 치아로 빠르게 번지며, 썩어 없어진 공간으로 인접치아가 이동하게 되어 치주병 및 부정교합을 일으킬 수 있다. 이로 인해 얼굴 모양에 변형이 생길 수 있으며, 발음이 정확하지 못하게 될 수 있다. 또한 치열이 고르지 못한 관계로 음식물을 제대로 씹을 수가 없어 영양섭취나 소화에도 지장을 주고, 나아가 뇌가 적절한 자극을 받지 못해 성장이나 지능발달에도 영향을 미칠 수 있다.

1) 충치의 원인

① 치아에 달라붙는 음식을 즐겨 먹는 경우

영유아들이 좋아하는 캐러멜이나 젤리 같은 간식은 충치를 유발하는 주범이다. 초콜릿이나 캐러멜, 젤리 등은 점도가 높아 치아 표면에 끈끈하게 달라붙을 뿐만 아니라 입안에 오래 남아 있어 충치균이 빠르게 번식할 수 있도록 도와준다.

② 요구르트를 즐겨 먹는 경우

칼슘 성분이 들어 있는 영유아용 요구르트는 몸에 좋을 것 같아 많이 먹인다. 하지만 액상 요구르트는 대표적인 충치 원인인 청량음료보다 충치 유발지수가 4단계가 높다고 한다. 청량음료에는 탄산이 들어 있어 치아를 약하게 만들지만 입안에 머무는 시간이 짧은 반면 요구르트는 끈적끈적한 액체가 입안에 남아 있는 시간이 길기 때문이다. 액상 요구르트를 자주 마시는 영유아는 앞니에 충치가 생길 수 있다.

③ 부모의 유전과 생활환경

부모가 충치가 있다면 영유아에게도 충치가 생길 확률이 높다. 사람의 입속에는 입 냄새균, 충치균, 잇몸병균 등이 있는데 영유아와 한 공간에서 생활하다 보면 자연스럽게 옮길 수 있다. 영유아에게 뽀뽀를 한다거나 뜨거운 음식을 입안에서 식혀주고 칫솔을 같이 보관하게 되면 충치균이 옮는다.

어린이집이나 유치원 등에서 함께 생활하는 친구들을 통해서도 충치균을 옮길 수 있다. 그렇기 때문에 영유아가 사용하고 있는 칫솔을 따로 보관하고 음식물을 먹은 뒤에는 꼭 양치질하게 해야 한다.

④ 젖병을 물고 자는 습관

젖병을 물고 자는 습관을 가진 영유아는 잇몸에서부터 노랗게 삭기 시작하여 위쪽 앞니와 아래쪽 어금니가 급격하게 썩어간다. 이를 우유병 우식증이라고 하는데 까맣게 썩는 충치보다 훨씬 진행속도가 빠르며 광범위하게 진행되어 증상이 심해지면 치아 형체가 무너지기도 한다. 치아뿐 아니라 내부의 신경손상으로 인해서도 통증이 심해지며 영구치가 날 때도 많이 고생한다. 따라서 젖병을 물고 자는 습관을 고치는 것이 충치를 예방할 수 있는 가장 중요한 방법이다. 돌이 되기 한 달 정도 시간을 두고 분유 대신 보리차를 담아서 서서히 젖병을 떼도록 유도해야 한다.

2) 충치 증상

- 치아 우식증의 주 증상은 치아 통증이다. 치아의 손상 정도에 따라 통증의 정도가 다르다.
- 우식증이 법랑질에 한정된 경우 : 거의 통증을 느끼지 못한다.
- 우식증이 법랑질과 상아질 경계 부위까지 진행된 경우 : 찬 것에 시리고, 단맛에 예민하게 반응한다.
- 우식증이 상아질까지 진행된 경우 : 차고 뜨거운 것에 불편감을 느끼게 되며 음

식물을 씹을 때 통증을 느끼게 된다.

- 우식증이 치수까지 진행된 경우 : 뜨거운 것에 통증을 느끼고 차가운 것에는 오히려 통증이 완화된다. 아무런 자극이 없어도 통증이 나타나며, 이 경우에는 진통제도 소용이 없다. 타진(두드려 확인하는 검사) 시에는 반응이 없거나 약간 나타난다.
- 치수괴사 : 예민성 검사에 반응이 없고, 심한 통증을 느끼게 된다. X-ray상에서 치아 뿌리 끝에 병소가 나타나는 경우도 있다.

3) 충치의 예방법

① 유치관리에 꼼꼼히 신경을 써야 한다

유치는 어릴 때 당연히 빠지는 치아로 인식하기 때문에 관리를 소홀히 하는 경우가 대부분이다. 그러나 유치에 심한 충치가 생길 경우 충치균이 영구치에까지 영향을 미쳐 튼튼한 영구치가 나올 수 없게 되고, 유치가 너무 일찍 빠져버리는 경우 빠진 자리에 잇몸이 덮이면서 단단해지게 된다.

이렇게 잇몸이 덮이면서 단단해진 경우 영구치가 제대로 나오기 힘들기 때문에 원래의 치아 위치가 아닌 엉뚱한 방향으로 치아가 나오면서 치열이 고르지 못한 상황이 될 수 있다. 따라서 영유아 유치관리에도 꼼꼼하게 신경을 써야 한다.

② 영유아들의 습관을 잘 파악해야 한다

영유아들은 자신이 무심코 하는 행동들이 잘못된 습관인지를 판단하지 못한다. 부모들은 영유아들의 행동을 잘 파악하여 어떤 습관을 가지고 있는지 잘 살펴보고 나쁜 습관들은 교정할 수 있도록 지도한다(예 젖병 물고 자는 습관 등).

③ 음식을 조질해야 한다

영유아들이 좋아하는 탄산음료나 액상 요구르트, 단 음식인 사탕이나 초콜릿, 젤리 과자 등은 충치에 쉽게 노출될 수 있다. 이러한 음식은 영유아에게 먹이지 않거나 먹는 횟수를 줄이고 먹은 뒤 양치질을 꼼꼼하게 해서 입안 찌꺼기를 남기지 않도록 해야 한다.

④ 영유아에게 알맞은 양치질 방법

음식을 섭취했거나 군것질 후 3분 이내에 양치질을 해주거나 입안을 헹궈 충치를 예방해 주는 것이 습관화되어야 한다. 신생아의 경우에는 소독한 가제 손수건에 물을 묻혀서 매일 가볍게 입안을 닦아주고 생후 6~8개월 이후에 젖니가 나기 시작하면서부터 칫솔질을 해준다.

※ 올바른 양치질 방법

- **횡마법** : 칫솔을 좌우, 옆으로 움직이면서 닦아주는 방법으로 아직 영구치가 나지 않은 어린아이들에게 칫솔질을 하는 습관을 들이기 위해 사용하는 양치질 방법이다. 성인들의 경우에도 씹는 면을 닦을 때 횡마법을 사용한다.
- **폰즈법** : 영유아들이 양치질을 하는 데 가장 적합한 칫솔질 방법이다. 치아를 다문 상태에서 칫솔을 입안에 넣은 후 치아에 직각으로 칫솔모를 대고 넓게 원을 그리듯 문질러 주며 치아를 닦아주는 방법이다.

치아건강을 위한 올바른 양치질 방법

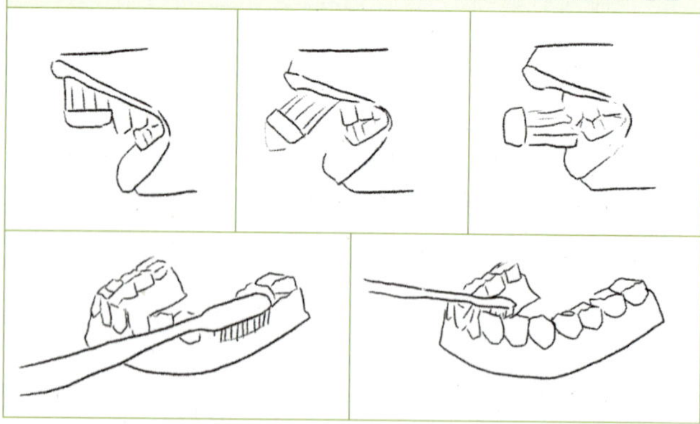

1. 잇몸에서 치아 쪽으로 쓸어내린다.
   - 칫솔을 잇몸 깊이 넣고 이와 잇몸이 닿는 부위부터 돌려서 닦는다.
2. 치아 닦는 순서를 정한다.
   - 치아의 바깥쪽을 닦는다.
   - 치아의 안쪽을 닦는다.
   - 치아의 씹는 면을 닦는다.

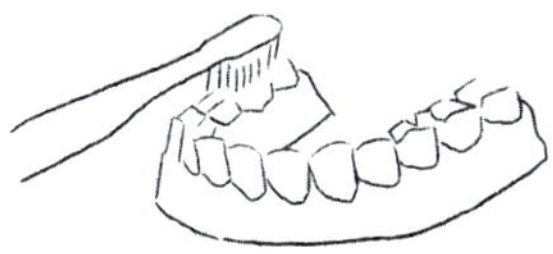

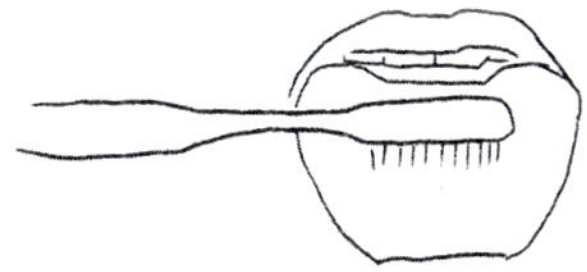

3. 적당한 시간 동안 닦는다.
   (한 부위에 5~10회 정도씩 반복해서 닦고, 전체 시간은 약 3~4분 정도 소요)
4. 혀를 반드시 닦는다.

칫솔질이 서투른 영유아들에게 칫솔질에 대한 흥미를 유발하고 칫솔질로 인한 상처를 내지 않으면서도 효과적인 프라그 제거를 할 수 있다.

충치는 치료도 중요하지만 예방이 최선이다. 따라서 칫솔질은 생후 6개월 뒤 치아가 나오기 시작하면 해주고 너무 어려 칫솔질이 어려우면 우유를 먹인 다음에는 가제 손수건에 물을 묻혀 꼭 닦아주도록 한다. 특히 우유병을 물고 자지 않게 하고 혹시 우유를 먹다 잠들었으면 즉시 물을 마시게 해 입안을 씻어주면 충치를 예방할 수 있다.

실제 6-1

1. 식욕부진이 생기는 원인과 그에 따른 해결방법을 기록해 보시오.

식욕부진의 원인	해결방법

2. 신장이 70cm이고 체중이 10kg인 남아와 신장이 100cm이고 체중이 18kg인 여아의 비만도를 측정해 보시오.

3. 자신의 체질량지수(BMI : Body Mass Index)를 계산해 보시오.

체질량지수(BMI : Body Mass Index) 계산법

체질량지수 = 자신의 체중(단위 : kg)을 키(단위 : m)의 제곱으로 나눈 것

㉮ 신장이 160cm이고 체중이 55kg인 사람

BMI = $55 \div (1.6)^2 = 21.5$

체질량지수에 따른 구분

저체중 : BMI 18.5 미만

정상 : BMI 18.5 ~ 24.9

과체중 : BMI 25 ~ 29.9

비만 : BMI 30 이상

실제 6-2

<table>
<tr><td>교구명</td><td>식품 영양 가이드 책 만들기</td><td>대상연령</td><td>만 5세</td></tr>
<tr><td>생활주제</td><td>왜 뚱뚱해질까?</td><td>활동영역</td><td>언어</td></tr>
<tr><td>활동목표</td><td colspan="3">• 음식의 중요성을 알고 바른 식생활 태도를 기른다.
• 음식에 대한 생각과 느낌을 글과 그림으로 표현한다.</td></tr>
<tr><td>누리과정
관련요소</td><td colspan="3">• 의사소통 – 읽기 – 책 읽기에 관심 가지기
• 사회관계 – 나를 알고, 존중하기 – 나를 알고, 소중히 여기기</td></tr>
<tr><td>준비자료</td><td colspan="3">색지, 색연필, 가위, 풀, 색 사인펜, 펀치, 고리</td></tr>
<tr><td>제작방법</td><td colspan="3">1. 색지를 이용하여 사각 주머니 접기를 한다.
2. 식품 영양 가이드 책 자료를 오려 붙인다.
3. 식품 영양 가이드 책 안의 말풍선에 글을 넣어본다.
(교사가 말풍선을 지워 유아들에게 제공)
3. 완성한 책은 묶어 언어영역에 비치해 놓는다.
4. 활동을 하면서 보충하고자 하는 내용은 더 기록하여 책을 완성해 나간다.
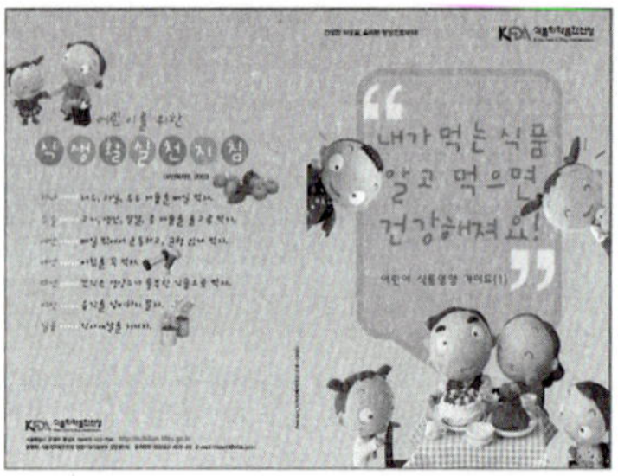</td></tr>
<tr><td>사진출처</td><td colspan="3">식품의약품 안전처. 어린이 건강메뉴 매뉴얼 http://www.foodnara.go.kr</td></tr>
<tr><td>활동방법</td><td colspan="3">1. 식품을 어떻게 먹어야 하는지에 대해 이야기로 나누어 본다.
2. 식품 가이드 책 자료 정보와 함께 유아의 생각을 기록하여 본다.
3. 완성한 책을 발표하며 활동 평가 후 더 보충하고 싶은 내용을 넣어 가이드 책을 완성하여 본다.</td></tr>
<tr><td>참고사항</td><td colspan="3">• 유아들이 자유롭게 탐색할 수 있도록 지나치게 개입하지 않도록 한다.
• 글로 잘 표현하지 못하는 유아는 그림으로 표현할 수 있도록 한다.</td></tr>
</table>

출처 : 식품의약품 안전처. 어린이 건강메뉴 매뉴얼 http://www.foodnara.go.kr

비만아동 대체식품	➤ 곡류식품에 속하는 식품 서로 대체하기 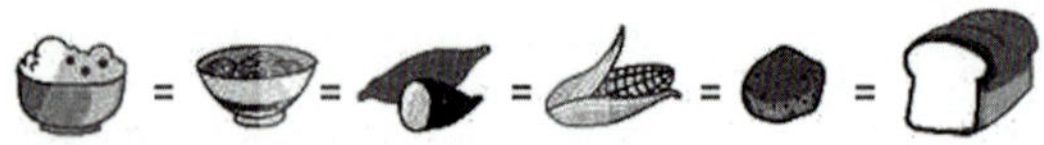 ➤ 어육류식품에 속하는 식품 서로 대체하기 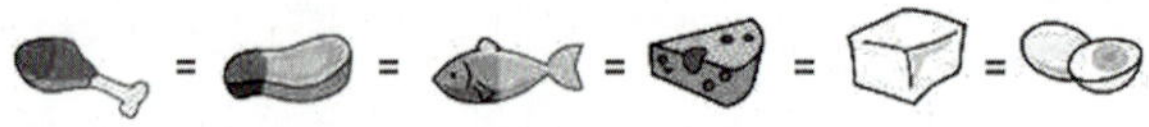 ➤ 우유 및 유제품에 속하는 식품 서로 대체하기  ➤ 채소군에 속하는 식품 서로 대체하기 

실제 6-3

〈활동계획안〉

활동명	왜 뚱뚱해질까?	활동유형	게임 & 체험	활동형태	대집단
대상연령	만 5세			소요시간	40분
활동목표	• 유아 소아비만을 이해하고, 유아 소아비만을 줄이기 위한 방법을 알아 생활 속에서 실천해 볼 수 있도록 한다. • 다양한 음식에 대해 관심을 갖는다.				
누리과정 관련 활동	• 신체운동·건강 – 신체조절과 기본운동하기 – 기본운동하기 • 의사소통 – 말하기 – 느낌, 생각, 경험 말하기 • 사회관계 – 나를 알고 존중하기 – 나를 알고, 소중히 여기기				
활동자료	반환점, 비만체험 조끼, 지방모형 6개(1kg 4개, 0.5kg 2개), 보관용 가방, 뿅망치(보슬이 부착), 여러 가지 음식 그림자료(까슬이 부착)				
활동방법	〈도 입〉 1. 손유희로 주의집중을 시킨다. – 비만에 대해 알아본 것을 회상하여 본다. – 게임 활동 전 지켜야 할 약속과 규칙을 정해 활동을 할 수 있도록 한다. 〈전 개〉 2. 게임활동에 대해 알아본다. – 오늘 우리가 해볼 게임은 어떤 게임일까요? 3. 게임활동 자료를 탐색한다. – 여기에 있는 조끼는 어떤 조끼일까요? 4. 게임활동 팀을 나눈다. – 어떤 방법으로 팀을 나누어 볼까요? – 팀 이름과 구호를 정해볼까요? 5. 게임활동 방법을 알아보고 활동해 본다. 활동 : 비만조끼 입고 반환점 돌아오기 ① 비만조끼 착용하기 ② 조끼 안에 지방 모형 넣기(유아들이 정하기)				

활동방법	③ 비만조끼 착용하고 뿅망치를 활용하여 음식 가지고 오기 ④ 음식을 뿅망치로 가진 후 반환점 돌아오기 (방법 - 걷기, 기어가기, 두 발 모아 뛰기 등 방법 선택하기) ⑤ 반환점을 돌고 끝까지 활동에 참여하기 ⑥ 반칙하지 않고 정정당당히 하기 〈마무리〉 6. 활동을 평가하고 비만조끼를 입고 활동을 했을 때의 몸의 느낌을 이야기 나눈다. 7. 살이 찌면 불편해지는 것들에 대해 이야기 나눈다.
확장 및 연계 활동	조형활동 : 식품영양 가이드 책 만들기
평 가	• 비만이 왜 우리 몸에 해로운지 이해하고 있는가? • 비만해지지 않으려면 조심해야 할 음식에 대해 알고 있는가? • 게임활동 규칙을 잘 이해하고 활동을 하고 있는가?
유의점	• 끝까지 포기하지 않고 활동에 참여할 수 있도록 한다. • 비만인 유아가 있을 경우에는 마음에 상처를 받지 않도록 상호작용 시 주의해야 한다.

CHAPTER 07

영유아기 영양교육

1 영유아 영양교육의 개념

2 영유아기 영양교육의 주요 내용

3 영유아기 영양교육을 위한 부모교육

CHAPTER

07 영유아기 영양교육

전인적 발달시기에 있는 영유아기는 신체적 성장과 유아의 음식에 대한 감각과 식습관이 형성되는 시기이기도 하다. 따라서 이 시기의 충분한 영양 공급은 영유아 일생 동안의 성장과 발달에 영향을 미치며, 음식에 대한 행동이나 식습관뿐 아니라 견해도 유아의 전 생애 동안 영향을 미치게 된다. 또한 이 시기에 형성된 식행동과 식습관은 개인의 성격이나 정서적·지적 발달, 사회발달, 대인관계, 가치관 형성까지 영향을 미치게 된다. 따라서 유아기 영양교육의 필요성과 중요성이 강조되고 있다(박영숙 외, 2006). 이에 이 장에서는 영유아기 영양교육에 대한 정의와 목적, 유아 영양교육의 내용, 유아 영양교육의 기본 원칙, 유아 영양교육을 위한 부모교육 등에 대해서 알아보고자 한다.

1 영유아 영양교육의 개념

1) 영유아기 영양교육의 정의

영양교육은 단순한 영양지식의 이해가 아닌 행동의 변화를 위한 일련의 계획된 행위로, 영유아가 영양지식의 이해를 통해 잘못된 식행동을 개선하고자 하는 의지와 태도를 갖도록 하여 이를 행동으로 옮길 수 있도록 계획하고 실천하게 하는 교육을 말한다(이은주, 2007). 그 단계로는 지식을 부여하고, 그것을 이해로 유도하며 흥미를 갖게 하여 의욕을 일으켜서 실행으로 옮기고 이것을 습관화시키는 데 있다.

2) 영유아기 영양교육의 목적

좋은 영양과 식생활 습관을 위한 영양교육은 유아의 건강과 성장, 인성 및 사회적 발달에 필수적인 요소라 할 수 있다. 그러므로 유아교육기관에서는 유아에게 올바른 영양교육을 통하여 영양과 관련된 다양한 활동을 제공하고 유아가 영양에 대한 올바른 지식을 얻을 수 있도록 도와주어야 한다(덕성여자대학교 부속유치원, 1997).

영유아기의 영양은 정상적인 성장과 발달에 중요하며 빈혈, 성장지연, 영양불량 등 영양 관련 문제를 예방하고 비만, 충치 및 성인병을 예방하는 데도 지대한 영향을 미친다. 따라서 영유아에 대한 영양교육의 필요성이 강조되고 있다(박영숙 외, 2006).

좋은 식생활 습관을 형성하여 충분한 영양을 섭취한 유아는 그렇지 못한 유아보다 지적·신체적인 측면에서 자신의 잠재적 가능성을 충분히 발휘할 수 있고, 여러 유형의 질병에 대한 예방을 할 수 있다. 뿐만 아니라 좋은 성격을 형성하여 다른 사람들과의 원만한 사회적 관계를 유지할 수 있다. 이에 영유아에게 양적·질적인 측면에서 풍부하고 균형 있는 영양을 섭취하게 하고 올바른 식생활 습관을 형성할 수 있게 하는 것은 매우 중요하다.

영유아기 영양교육의 목표는 다음과 같다.

유아 영양과 관련하여 2007년 개정 유치원교육과정에서는 '바른 식생활 하기'를 제시하여 음식의 필요성과 몸에 필요한 영양분과의 관계를 알도록 하기 위해 적당한 양의 음식을 골고루 먹기, 음식을 소중히 여기게 하기, 바른 자세로 음식을 즐겁게 먹기를 목표로 제시하였다.

이종숙 외(2009)는 식품에 대한 긍정적인 태도를 갖고 식사시간이 즐겁다는 인상을 심어주는 것, 다양한 종류의 식품을 접하고 먹도록 유도하는 것, 건강에 좋은 식습관을 강조하는 것, 식사준비에 유아가 직접 참여하도록 함으로써 식품과 건강의 관계에 대한 이해를 증진시키고 더 나아가 부모, 교사, 급식 종사자들의 영양지식도 함께 증진시키는 것을 목표로 하였다.

이를 통해서 볼 때 유아가 우리 몸의 건강과 영양의 관계를 알고 실천할 수 있도록 하기 위하여 유아교육기관에서는 올바른 식습관뿐만 아니라 영양에 대한 기본 지식을 형성할 수 있도록 지도하여야 한다.

이에 따른 유아교육기관에서의 유아 영양교육 목표는 다음과 같다(박선희 · 구재옥 · 정미라, 2002).

첫째, 유아의 올바른 식생활 습관과 식품 기호를 형성하도록 한다

유아기는 식사라는 체험을 통해 식습관 및 음식물에 대한 기호를 쌓아가는 시기이다. 유아가 균형 잡힌 식단에 의한 급식을 경험한 경우 식사는 편식하지 않고 다양한 식품을 골고루 먹는 것이라는 이해와 습관이 키워지게 될 것이다.

이에 유아교육기관에서는 영양적으로 균형 잡힌 급식을 제공해야 하며 유아발달 정도에 따른 바른 식생활 습관 형성에 대한 지도가 이루어져야 한다. 유아교육기관에서의 단체급식은 가정에서의 식사와는 달리 많은 친구들과 함께 식사를 하므로 좋아하는 음식만을 먹을 수 없으며, 싫어하는 음식도 친구들과 함께 먹거나 교사의 다정한 격려에 의해 먹게 됨으로써 바람직한 식품 기호 형성에 크게 도움을 줄 수 있는 장점이 있다.

둘째, 유아가 바람직한 식사예절을 형성하도록 한다

식생활이란 단순히 건강을 위해 영양을 섭취하거나 맛있는 것을 먹는다는 기호의 충족에 그치는 것이 아니며 여기에는 인간사회 상호교류의 매체로서 중요한 역할이 담겨 있다. 이러한 차원에서 볼 때 유아기에 바람직한 식사예절을 형성하는 것은 장래 생활 습관의 기초가 되는 중요한 일인 만큼 단체 급식을 통해 식사예절에 대한 가르침이 이루어져야 한다(서울특별시 보육정보센터, 2006).

2 영유아기 영양교육의 주요 내용

1) 영유아 영양교육의 내용

영유아 영양교육의 내용에는 기초지식 교육과 행동 동기유발 교육이 포함되어야 한다. 또한 영양에 대한 지식을 습득하고 이를 식생활에 올바르게 적용하고 실천하여 건전한 식습관과 건강에 대한 바른 태도를 갖게 해야 한다.

영유아 영양교육에 포함될 내용은 다음과 같다(조경자 외, 2004).

(1) 개념

① 성장과 영양

- 모든 동물과 식물은 음식을 필요로 한다.
- 음식은 우리들이 성장하고 놀이하고 학습하고 행복해지도록 돕는다.
- 많은 음식들이 우리 몸에 유익하다.
- 몸에 좋지 않은 음식들도 있다.

② 음식과 영양

- 영양소는 우리 몸에서 여러 가지 일을 한다.
- 여러 가지 영양소가 매일 필요하다.
- 음식물들은 우리에게 필요한 모든 영양소들의 급원이 된다.

- 음식마다 다른 영양소를 제공해 주므로 여러 가지 음식을 먹어야 한다.

③ 음식과 문화

- 여러 나라 사람들이 먹는 음식은 다르다.
- 음식의 모양이나 조리법은 다르지만 재료는 아주 비슷하다.
- 특별한 날에는 특별한 음식을 먹는다.

④ 음식의 안전

- 음식 재료와 음식을 다루는 사람의 청결이 무엇보다 중요하다.
- 어떤 음식은 익혀서 따뜻하게 먹어야 한다
- 어떤 음식은 냉장하였다가 차갑게 먹어야 한다.
- 적절하게 다루어지지 않은 음식을 먹으면 발병을 초래할 수 있다.

(2) 식생활 습관

① 음식에 대한 태도

- 음식을 골고루 즐겨 먹는다.
- 음식의 소중함을 알고 낭비하지 않는다.
- 단 과자, 사탕, 탄산 음료수는 절제해야 한다.

② 식사예절

- 감사하며 밝고 명랑한 태도로 먹는다.
- 맛있는 것을 독점하지 않는다.
- 식사시간을 잘 지킨다.
- 바른 자세로 먹는다.
- 스스로 먹는다.
- 식기를 바르게 사용한다.

- 상 차리기를 돕는다.
- 식후 식기와 자리를 정돈한다.

③ 위생

- 식사 전에 손을 깨끗이 씻는다.
- 식후 양치질을 한다.
- 음식을 흘리지 않도록 하되 흘린 음식을 주워 먹지 않는다.
- 음식을 잘 씹어 먹는다.

2) 영유아기 영양교육의 기본 원칙

영유아를 위한 영양교육 시 고려해야 할 기본 원칙을 살펴보면 구체적으로 다음과 같다.

(1) 식행동을 바람직한 식습관으로 고정시키려면 반복적으로 일찍 시작해야 한다

- 영양교육은 이유기부터 시행되어야 한다.
- 바람직한 이유가 이루어지지 못하면 나쁜 식생활 습관이 형성되고, 그 습관을 교정하려면 많은 노력이 필요하다.
- 영유아의 식생활 습관을 조기에 훈련시켜 익숙하게 하는 것만큼이나, 잘못된 식생활 습관을 조기에 발견하여 교정하여 주는 것도 중요하다.
- 영유아의 습관은 한두 번의 교육과 훈련으로 이루어지지 않으므로 영유아기부터 자신의 행동이 익숙해지고 습관으로 고정되도록 일상생활 속에서 반복적으로 제공할 필요가 있다.

(2) 신체적 · 지적 발달에 적합한 내용을 교육한다

영유아의 발달에는 발달적 순서가 있으므로 영유아의 신체 기능과 이해력을 기준으로 연령과 능력에 맞게 지도해야 한다.

<표 7－1>은 대한영양사회 학교분과위원회(1986)에서 제시한 유아기의 연령과 발달 단계에 맞는 식생활 지도의 진행 방안을 제시한 것이다.

〈표 7–1〉 **연령과 발달 단계별 식생활 진행 방안**

연령	식생활에 대한 이해를 깊게 함	구분	유아의 바람직한 자세	지도방법	가정과의 협력
만 1·2세	• 음식물에 대한 이야기를 듣는다. • 음식물의 이름을 안다. • 식사에 대한 노래나 감사의 인사를 한다.	식전	• 손을 씻는다. • 자리에 앉아 식사가 준비될 때까지 조용히 기다린다. • '잘 먹겠습니다'의 인사말을 한다.	• 손을 씻게 한다. • 필요에 따라 옆에서 도와준다. • 식탁과 의자의 위치를 생각하여 자리에 앉힌다. • 모두 함께 '잘먹겠습니다'의 인사말을 하도록 한다.	• 가정 방문이나 설문 조사에 의해서 유아의 기호, 식사량, 체질, 병력 등을 파악한다. • 가정과 유아교육기관이 서로 유아의 건강상태, 수면시간, 식사 상황 등에 대해 연락을 취한다. • 유아교육기관에서의 식습관의 교육 방침을 가정에 알려 연장시킨다. • 매월 식단표를 배부한다. • 부모교육을 통해서 급식의 중요성을 이해시킨다.
		식사중	• 자신의 것과 남의 것을 구별한다. • 숟가락이나 젓가락의 바른 사용법을 안다. • 주식이나 부식을 교대로 먹고 부식의 양을 많이 먹는다.	• 한 손으로 식기를 잡고 먹는 방법을 가르쳐 준다. • 잘 씹어서 먹게 가르친다. • 숟가락이나 젓가락의 바른 사용법을 가르친다. • 남기지 않고 먹을 수 있도록 돕거나 격려한다. • 먹고 마시는 상태를 관찰하여 식욕의 개인차를 안다.	
		식후	• 친구들이 식사가 끝나기를 조용히 기다린다. • 손, 입 주위를 깨끗이 닦는다. • '잘 먹었습니다'의 인사말을 한다.	• 자기의 물수건 또는 냅킨으로 손이나 입 주위를 깨끗이 닦게 한다. • 먹는 속도가 느린 유아는 격려해 주며, 거의 반 정도의 유아들이 다 먹었으면, 식후의 인사를 하도록 지도한다.	

연령	식생활에 대한 이해를 깊게 함	구분	유아의 바람직한 자세	지도방법	가정에 대한 사항
만 3세	• 음식의 이름을 외운다. • 음식물과 신체와의 관계를 도표와 그림 등의 교재를 통해 알린다. • 식사 태도로서 음식물을 입에 넣고 말을 하지 않는 것과 잘 씹어서 먹는 것 등을 가르친다.	식전	• 손 씻기는 혼자서 한다. • 자리에 앉아서 배식되는 것을 조용히 기다린다. • '잘 먹겠습니다'의 인사말을 한다.	• 바르게 손 씻는 방법을 가르쳐 준다. • 개인차를 생각하여 알맞게 배식한다. • '잘 먹겠습니다'의 인사말을 하도록 한다.	• 집에서 식사 시 가려 먹지 않도록 지도한다. • 가정에서도 용변 후나 식사 때에 손 씻기를 하도록 협력한다.
		식사중	• 자기 혼자서 숟가락, 젓가락을 사용하여 먹는다. • 되도록 흘리지 않고 먹는다. • 바닥에 떨어진 것은 먹지 않는다. • 침착하게 잘 씹어 먹는다. • 식사 중에 큰소리로 이야기하거나, 자리를 뜨지 않는다. • 좋은 것, 싫은 것을 구분하지 않고 먹는다.	• 싫은 것이 있어도 먹도록 유도한다. • 건강 상태나 식욕에 유의하여 음식량을 가감하여 먹다 남기지 않도록 한다. • 싫어하는 것이 있어도 여럿이 먹은 기분에 의해 먹게 한다.	
		식후	• 흘린 것은 자기가 주워서 자기 주위를 깨끗이 한다. • '잘 먹었습니다'의 인사말을 한다. • 양치질을 한다. • 조용히 휴식한다.	• 다 먹은 후 식탁 위·아래 등 주위를 깨끗이 하도록 한다. • 식사 후 감사의 인사를 하게 하고 양치질을 하도록 한다.	
만 4세	• 도표나 그림 등의 교재로 음식물에 함유되어 있는 성분과 역할을 알게 한다. • 손 씻기 등 위생에 유의하는 것이 얼마나 중요한가를 반복해서 가르친다.	식전	• 손 씻기를 바르게 한다. • 깨끗이 닦은 손으로 이것저것 만지지 않는다. • 자리에 앉아서 식사가 나누어지는 것을 조용히 기다린다. • '잘 먹겠습니다'의 감사의 인사말을 한다.	• 식탁을 준비하거나 배식하는 것을 돕도록 한다. • 식사 전, 식사 후에 마음속으로부터 감사하도록 가르친다. • '잘 먹겠습니다'의 인사말을 하도록 한다.	• 집에서도 가려 먹지 않도록 지도한다. • 식욕이 없는 유아에 대해서는 개별적으로 연락 또는 지도한다. • 편식이 심한 유아에 대해서는 개인적으로 지도·교정한다.

연령	식생활에 대한 이해를 깊게 함	구분	유아의 바람직한 자세	지도방법	가정에 대한 사항
만 4세		식사 중	• 숟가락과 젓가락을 능숙하게 사용해서 먹는다. • 심하게 흘리지 않고 먹는다. • 잘 씹어 먹는다. • 다른 사람의 식사를 방해하지 않는다. • 돌아다니면서 먹지 않는다.	• 식사 중의 예절을 친절하게 가르친다. • 남기지 않고 먹는 습관을 들인다. • 일정한 시간 내에 먹도록 가르친다.	
		식후	• 흘린 것을 주워서 용기에 담는다. • 식기를 치운다. • 식탁을 깨끗이 닦는다.	• 먹다 남은 것을 정해진 그릇에 넣고 식기 치우는 일을 돕도록 한다. • 식탁에 음식물이 떨어져 있으면 치우게 한다.	
만 5·6세	• 음식물과 건강의 관계에 관해서 도표나 그림 등으로 알린다. • 편식이 건강에 좋지 않음을 안다. • 음식물을 소중히 해야 함을 안다.	식전	• 자발적으로 손 씻기를 한다. • 씻은 후는 청결한 수건으로 잘 닦는다. • 감사의 마음으로 '잘 먹겠습니다'의 인사말을 한다.	• 손 씻는 방법을 때때로 주의 깊게 관찰하여 바른 방법으로 지도한다. • 식사 태도가 바르도록 철저히 가르친다. • '잘 먹겠습니다'의 인사말을 하도록 한다.	• 급식에 대해서 설문 조사를 한다. • 긴깅권리와 식생활에 대한 이해를 깊게 한다. • 유아교육기관에서의 식사 상태를 개별적으로 알린다.
		식사 중	• 바른 자세로 차분히 앉아 먹는다. • 입속에 음식물을 넣고 말하지 않는다. • 잘 씹어서 먹는다. • 식사 중 자리를 뜨지 않는다. • 정해진 시간 안에 식사를 끝내도록 한다.	• 올바른 식사 태도로 식사를 할 수 있게 가르친다. • 싫어하는 음식이 있어도 먹도록 노력하게 한다. • 먹다 남기지 않도록 한다.	
		식후	• 흘린 음식물은 자기가 치우도록 한다. • 식기는 정해진 장소에 소리 내지 않고 갖다 놓는다. • 조용히 휴식한다.	• 식기 닦는 것을 보여준다. • 식탁 주위에 음식물이 흘려져 있는 것이 없는가를 확인시킨다. • 식사 후에는 조용한 놀잇감을 준비해 주어 놀게 한다.	

(3) 교육 내용은 일관성이 있어야 한다

- 유아교육기관에서 교육을 받기 이전에 유아가 경험한 식생활 환경과 유아교육기관의 교육과정에는 통일성이 있어야 한다.
- 교사는 항상 일치된 말과 행동을 보이며 교육 내용은 반복적인 활동으로 제시되어야 하고, 가정과의 연계교육에서도 일치되어야 한다.
- 교육을 보다 효과적으로 하기 위해서는 가정과 유아교육기관이 긴밀하게 협조하여 일관성 있는 실천을 위한 부모 참여 및 교육이 이루어져야 한다.

(4) 유아에게 영양 및 교육 효과에 대한 구체적인 지도를 한다

- 유아기의 적절치 못한 행동을 보면 교사와 부모는 곧바로 이야기하여 유아가 무엇이 적절하지 못한지를 스스로 알고 반복하지 않으려고 노력하게 한다.
- 유아가 적절하지 못한 행동에 관하여 알지 못하면 즉시 그 내용을 설명해 준다.
- 성인은 유아의 행동에 관하여 일관성을 갖고 있어야 하며, 유아의 적절한 행동에 관한 관심과 칭찬은 긍정적인 교육 효과가 크므로 유아의 바람직한 행동에는 칭찬과 격려를 반드시 해주도록 한다.

(5) 일상적인 생활에서 구체적인 본보기를 보이도록 한다

- 유아는 주변의 영향을 받으며, 성인의 행동을 보고 학습한다.
- 가정에서부터 모방을 시작하며, 놀이집단과 교육기관에서는 또래와 교사의 행동에 영향을 받으므로 주변 사람들이 모범을 보여줌으로써 유아 스스로 자연스럽게 모방하면서 배우게 한다.

  ㉔ 간식이나 식사 전후에 손 닦기, 식사 후 성인과 함께 양치질하기

3 영유아기 영양교육을 위한 부모교육

유아교육 프로그램에 부모 참여를 장려하는 이유는 전인적인 유아 발달을 향상시키기 위해서이다. 가정에서 유아의 건강 및 안전을 고려한 영양교육을 제공하도록 도와주는 것이 유아 영양교육을 위한 부모의 역할이다. 이를 위해 교사는 영양과 관련된 부모 참여 활동을 제공하여 부모가 유아에게 영양가 있는 식사와 간식을 제공하는 방법과 새로운 음식을 재미있게 소개하는 방법을 배우도록 돕는다. 또한 교사는 부모에게 유아의 영양 습관과 이해도에 대한 더 정확한 기초를 제공하여, 더 좋은 식습관을 유아가 갖도록 돕는다.

다음은 유아교육기관에서 제공할 수 있는 영양과 관련된 부모 참여 및 교육 활동 중 영유아 영양 및 건강과 관련된 부모용 기초 설문 방법과 부모 대상의 강연회 내용이다.

1) 유아 영양과 건강에 관한 부모용 기초 설문 조사

유아교육기관에서는 유아의 바람직한 영양교육을 위해 학기 초에 유아의 영양 섭취와 건강 상태에 관련된 기초적인 설문지 조사를 하거나 입학 원서의 한 부분에 유아의 영양, 건강과 관련된 항목을 마련해 두면 좋다. 영양교육을 위한 기초 설문지의 내용으로는 유아의 아침 식사의 규칙성 정도, 식단, 양, 시간, 혼자서 밥을 먹는지 여부, 음식 선호도, 싫어하는 음식, 알레르기 반응, 우유 섭취의 정도, 현재의 건강 상태, 과거에 앓았던 질병, 자주 앓는 질병 등을 포함할 수 있다(신은수 외, 2009).

〈표 7-2〉 영양교육을 위한 기초 설문지

설 문 지

유아이름 :

본 설문지는 유아 개개인에 대한 영양 및 건강에 대한 이해를 돕고자 마련하였습니다. 답변하신 자료는 교육 및 운영에 참고하게 되므로 되도록 자세히 적어주시기 바랍니다.

1. 현재 유아의 건강상태는 어떠합니까?
   ① 튼튼하다. ② 양호한 편이다.
   ③ 약하다. ④ 매우 약하다.

2. 매일 아침식사는 규칙적으로 합니까?
   ① 매일 아침 규칙적으로 먹는다. ② 일주일에 4~5일 먹는다.
   ③ 일주일에 2~3일 먹는다. ④ 일주일에 1~2일 먹는다.

3. 만약 아침식사를 규칙적으로 하지 못한다면 그 이유는 무엇이라고 생각하십니까?
   ① 부모가 바빠서 식사준비를 해주지 못하고 출근한다.
   ② 유아의 기상시간이 늦다.
   ③ 유아가 먹으려 하지 않는다.
   ④ 기타

4. 아침식사는 주로 무엇으로 합니까?
   ① 밥과 반찬
   ② 빵과 우유
   ③ 우유에 타먹는 곡류(예 시리얼류)
   ④ 기타 ______________________

5. 아침식사의 양은 어느 정도입니까?
   ① 잘 먹는다. ② 보통이다.
   ③ 잘 먹지 않는다. ④ 거의 먹지 않는다.

6. 아침식사 시간은 몇 시부터 몇 시까지입니까?
   대략 ________ 부터 ________ 까지 소요시간 ________ 분

7. 혼자서 밥을 먹을 수 있습니까?
   ① 밥 먹는 것을 도와주어야 한다.
   ② 조금만 도와주면 혼자서 먹는다.
   ③ 도움이 없이도 혼자서 잘 먹는다.

8. 음식에 대한 선호도는 어떠합니까?
   ① 무엇이든 잘 먹는다.
   ② 좋아하고 싫어하는 음식의 구분이 뚜렷하여 좋아하는 것만 먹으려 한다.
   ③ 보통이다.

9. 특히 싫어하는 음식이 있다면 적어주십시오.
   ____
   이유 ________________________________

10. 음식에 대한 알레르기 반응을 나타내는 것이 있다면 기입하여 주십시오.
   ① 음식 ________________________________
   ② 알레르기 반응형태 ________________________________

11. 유아가 집에서 우유를 마십니까?
   ① 매일 마신다.
   ② 매일 마시지는 않지만 자주 마시는 편이다.
   ③ 잘 마시지 않는다.
   이유 ________________________________

2) 유아 영양에 관한 부모교육 활동

설문지 조사 이외에도 유아교육기관에서는 부모교육의 일환으로 강연회나 바자회 등 다양한 방법으로 부모를 참여시킬 수 있는 활동을 할 수 있는데 그 예는 다음과 같다(조경자 외 2004).

(1) 점심과 간식 식단을 부모들에게 알린다. 가정에서는 유아교육기관에서의 유아들의 간식이나 식사를 고려하여 균형 잡힌 식사를 제공할 수 있다.

(2) 가정에서 영양식을 제공할 수 있도록 영양정보를 부모들에게 제공한다.

(3) 유아의 식생활문제나 영양문제 그리고 이와 관련된 유아의 변화 및 발달에 대해 정보를 부모와 나눈다.

(4) 부모들로 하여금 어떻게 하면 가정에서 긍정적인 식습관을 조장할 수 있는지 이해시킨다.

(5) 가정에서 자녀를 식사준비에 참여시키도록 권한다. 즉, 음식준비, 상차리기, 설거지 등에 자녀를 참여시킬 것과 음식에 관해 이야기를 나누도록 권한다.

(6) 최근에 유아가 먹은 새로운 음식과 조리법을 알려준다.

(7) 강연회 내용에서는 아침식사의 중요성, 대체식품의 활용, 사회적 경험을 위한 간식, 식사시간, 식품선호, 식품의 질감, 식품의 맛, 식품의 색, 식품의 냄새, 조리법, 식사환경과 식기류, 식단계획 등과 같은 내용을 포함하여 다룰 수 있다.

실제 7-1 부모교육 참석안내문 만들어 보기

▸ 부모교육 일시 정하기 ◂

- 교사회의를 통해 부모교육을 진행할 날짜, 시간, 장소 등을 정한다.

▸ 참석안내문 발송하기 ◂

- 적어도 15일 전에는 학부모들에게 부모교육 세미나에 대한 안내를 하도록 한다.
- 참석안내문과 신청서를 출력하여 보내고 문자 메시지를 보내는 등 다양한 매체를 활용해 본다.

[안내문 예문]

이 땅의 모든 부모님들과 교사들이 바라는 희망은 우리 아이들이 잘 먹고 잘 크는 것일 것입니다.

진인직 싱장기에 있는 영·유아기에는 건강과 발육에 필요한 영양소를 충분히 섭취해야 할 뿐 아니라, 즐겁고 편안하게 식사하는 과정에서 느끼는 만족감과 정서적 안정감이 영유아의 사회적·정서적인 발달에도 영향을 줍니다. 따라서 영·유아기부터 음식에 대한 편식 없이 골고루 즐겁게 먹을 수 있도록 식습관에 관한 기본생활 습관을 잘 길러주어야 합니다.

우리 아이들의 연령과 발달시기에 따른 올바른 먹거리 및 식습관 지도방법을 안내해드리고자 이번 부모교육 세미나를 준비했습니다. 바쁘시더라도 이번 부모교육에 참석하셔서 아이들이 건강한 식습관을 가질 수 있도록 도와주시기를 바랍니다. 우리 원에서도 영아들에게 더욱 청결하고 영양 많은 식단을 준비하겠습니다. 고맙습니다.

일시 : ○○○○년 ○월 ○일 오후 3시~5시
장소 : ○○유치원/ 어린이집 대강당

[안내사항]

- 부모교육은 정시에 시작하므로 꼭 시간을 지켜주시기 바랍니다.
- 신청을 하였으나 참석하지 못할 경우 사전에 원으로 연락하여 주시기 바랍니다.

▸ 유인물(부모교육 자료) 준비하기 ◂

부모교육 시작 전 미리 준비한 유인물을 나눠준다. 유인물은 해당 강의 내용 중 학부모에게 필요한 부분을 잘 요약하여 만들도록 한다. 강의 후에는 가정으로 가져가 참고할 수 있도록 안내한다.

▸ 부모교육 강의 ◂

▸ 부모교육에 대한 만족도 설문조사 ◂

■ **실제 7-1 참석안내문 작성해 보기(예시)**

○○○○년 ○○○유치원/ 어린이집 부모교육 세미나
"세미나 제목 쓰기"

[안내글]

[일 시]
[장 소]

[안내사항]

※
※

부모교육 참석신청서

반 명 : 원아명 : 보호자 : (인)

참석 여부	
참 석	참석하지 않음

○○○유치원/ 어린이집(전화번호)

실제 7-2 식습관 칭찬판 활용하기

① 곰돌이 가족 그림이 그려진 칭찬판을 영유아에게 나누어 준다.

② 영유아가 올바른 식습관으로 식사를 하거나, 좋지 않은 습관을 고쳐나갈 때마다 사과그림을 접시그림에 붙여준다.

(예 밥 남기지 않기, 좋아하지 않는 음식 먹어보기, 밥 먹기 전에 손 씻기, TV시청하며 식사하지 않기, 초콜릿이나 사탕 먹는 횟수 줄이기 등)

③ 부모님에게도 칭찬판 사용방법을 안내하여 가정에서도 연계할 수 있도록 한다.

CHAPTER

08

영유아기 발달에 영향을 미치는 식품

1 영유아기 발달에 영향을 미치는 식품

2 영유아기 두뇌발달에 영향을 미치는 영양소와 식품

CHAPTER 08

영유아기 발달에 영향을 미치는 식품

인간의 뇌는 생명이 깃드는 순간부터 성장하기 시작하는데, 두뇌는 유아기에 급속하게 성장하여 8세면 성인과 거의 비슷한 수준이 된다. 따라서 두뇌발달에 가장 중요한 시기는 영유아기라고 볼 수 있다. 이처럼 영유아기에 중요한 두뇌발달뿐 아니라 정상적인 성장과 발달을 돕기 위해서는 균형 있는 영양섭취를 하여야 한다. 이를 위해서는 다양한 식품들을 골고루 공급해야 하며, 영양적으로 우익힌 식품을 선택하여 제공하도록 해야 한다. 그러므로 유아교육 현장은 물론이고 가정에서도 영유아의 발달과정에 알맞은 영양학의 기본 원칙을 올바르게 파악하여 성장하는 영유아에게 적절한 음식을 제공하는 것이 중요하다.

무조건 영양이 높은 음식을 많이 먹이면 좋다 라든가 영유아가 잘 먹는 식품 위주로 주면 된다는 식은 영양과잉과 영양불균형을 초래하는 식습관을 기르게 할 뿐이다. 따라서 성장하는 영유아들에게 어떤 음식이나 후식, 또는 어떤 야채류나 양념류가 적합한지, 나아가 어떤 과일은 되도록 주지 않아야 하는지, 그 이유를 정확하게 알아보는 것이 중요하다.

이에 이 장에서는 영유아가 섭취하기에 적합한 식품과 부적합한 식품, 영유아기 두뇌발달에 영향을 미치는 영양소와 식품에 대해서 알아보고자 한다.

1 영유아기 발달에 영향을 미치는 식품

1) 영유아가 섭취하기에 적합한 식품

영유아기에 섭취하기 적합한 식품으로는 소화가 잘되는 식품, 시각적・미각적으로 만족을 줄 수 있는 색과 맛을 지닌 식품, 제철에 나는 신선한 식품을 들 수 있다. 그리고 우유, 달걀, 육류, 생선류, 치즈나 요구르트, 과일과 야채류, 곡류, 감자와 고구마 옥수수 등의 전분질 식품 등이 있다.

유아에게 적합한 야채류는 당근, 오이, 호박, 브로콜리 등이 잘 알려져 있지만, 익히지 않고 생야채로서 뿌리채소(예 당근, 무, 고구마 등)는 적은 양으로 충분하다. 뿌리채소 중에서 당근을 적절하게 날 것으로 주면, 어금니를 사용하여 씹기를 배우는 데 바람직하고 치아 형성에도 도움이 된다.

(1) 단백질 및 칼슘 – 우유, 달걀, 육류, 생선, 치즈, 콩

① 우유

- 양질의 단백질과 칼슘을 주로 공급하고 인이나 비타민 A, 비타민 B군 등이 풍부한 식품이다.
- 우유는 영유아에게 그대로 줄 수도 있고 과일과 함께 섞어 밀크셰이크나 크림스프, 푸딩, 커스터드, 아이스크림, 빵 등을 만들어 공급할 수 있다.
- 영유아에게 권장되는 1일 우유 섭취량은 2컵 정도가 좋다.

② 달걀

- 질이 좋은 단백질과 철분, 인, 비타민 B_1 등이 풍부한 식품이다.
- 달걀 단백질에 대하여 민감한 영유아가 많으므로 알레르기 반응을 잘 살펴가며 주도록 해야 한다.

- 반숙이나 에그 스크램블, 오믈렛, 달걀프라이, 달걀찜, 달걀말이, 커스터드, 푸딩 등을 만들어 공급할 수 있다.
- 달걀은 하루에 1개 정도 먹이는 것이 좋다.

③ 쇠고기, 돼지고기, 양고기, 닭고기 등의 육류

- 단백질, 무기질, 비타민, 철분 등이 풍부한 식품이다.
- 육류 중 특히 간은 질이 좋은 철분을 공급해 주므로 유아의 빈혈 방지에 도움이 된다.
- 간은 삶거나 쪄서 야채와 함께 먹이고, 육류는 질겨서 유아가 씹기 어려우므로 조리할 때 곱게 나시거나 갈아서 사용하는 것이 좋다.

④ 생선

- 질적으로 우수한 단백질, 무기질 등이 풍부한 식품이다.
- 유아를 위한 식품으로 생선을 선택할 때는 처음에는 기름기가 적고 비린내가 덜 나는 가자미나 조기 등으로 시작하는 것이 좋다.
- 처음에는 적은 양으로 시작해서 상태에 따라 증가시켜 공급한다.
- 생선의 가시는 유아들이 생선섭취를 기피하는 원인이 되므로 생선가시를 제거하고 얇게 포를 떠서 전을 만들어 주거나 구워서 줄 수도 있다.

⑤ 치즈

- 우유로 만든 식품이므로 질이 좋은 단백질이 풍부한 식품이다.
- 치즈에는 칼슘, 단백질, 인, 마그네슘, 비타민 A 등이 들어 있어 뼈 건강에 필요한 영양공급원이다.
- 치즈를 고를 때는 짠맛이 강하지 않은 것을 선택하는 것이 중요하다.
- 유아가 달걀이나 육류, 생선류 등을 충분히 먹고 있을 때에는 따로 치즈를 공급해 줄 필요는 없다.

⑥ 콩

• 풍부한 단백질, 철, 엽산, 섬유소 등이 풍부한 식품이다.
• 근육과 뼈의 성장을 도와 영유아의 체력 보충에 좋은 식품이다.
• 그러나 어린 영아에게 콩을 먹일 때는 함부로 먹여서는 안 된다. 그 이유는 콩 속에는 어른은 소화시키는 데 아무런 문제가 없지만, 아직 장기가 충분히 성숙하지 않은 영아가 소화시키기 어려운 성분들이 다량 함유되어 있기 때문이다.
• 콩은 백설기, 식빵, 약식 등 떡이나 빵에 잘 어울린다.

(2) 무기질 및 비타민 – 제철과일, 채소류, 김치, 해조류 등

① 제철과일

• 제철과일은 비타민 C, 철분, 비타민 B_1 등을 공급해 준다.
• 처음에는 유아에게 과일즙이나 생과일을 긁어서 줄 수도 있고 삶아서 으깨어 줄 수도 있다. 그러나 유아가 성장함에 따라 여러 형태로 변화시켜 주거나 생과일을 그대로 주도록 한다.
• 또한 과일주스 형태나 과일에 우유를 첨가한 과일셰이크, 과일칵테일, 과일즙을 짜서 줄 수 있다.

② 채소류

• 채소류는 비타민 A, 비타민 B, 비타민 C, 철분 등을 공급해 주므로 유아에게 좋은 제품이다. 특히 유아에게 녹황색 채소류를 충분히 주는 것이 좋다.
• 유아가 음식의 색상이나 질감, 맛에 대한 감각이 발달될 수 있도록 여러 가지 야채를 접할 수 있는 기회를 마련해 주는 것이 좋다.
• 채소를 줄 때 처음에는 유아가 쉽게 씹을 수 있도록 무르게 삶아주거나 으깨어 주다가 점차 당근이나 오이, 무, 고구마, 셀러리 등을 손가락 굵기로 썰어서 생채소를 그대로 쥐고 먹을 수 있도록 해주는 것이 좋다.

③ 김치

김치는 다량의 섬유질을 공급할 수 있는 좋은 채소가공 발효식품이므로 백김치나 나박김치 등을 만들어 너무 짜고 맵지 않도록 준비하여 매끼 식사 시 먹도록 지도하는 것이 바람직하다.

④ 해조류(미역, 다시마 등)

칼슘이 풍부하고 식이섬유가 많아 성장 발육에 좋고, 장운동을 활발하게 해준다.

미네랄과 요오드 성분이 풍부하게 들어 있어 체내 신진대사를 도와 노폐물 배출을 도와주고, 아토피에 좋은 음식이다.

(3) 정제되지 않은 탄수화물 – 곡류, 감자, 고구마 등

탄수화물은 생명현상 유지나 활동에 필요한 에너지원이며 1g당 열량 발생률이 4kcal이다.

성장기 영유아들에게 신체 에너지의 원천이 됨과 동시에 활발한 두뇌 활동과 발달을 위해서는 양질의 탄수화물 섭취가 굉장히 중요하다.

특히 정제되지 않은 통곡물류, 감자, 고구마 등 복합당질 음식은 씹을수록 침으로 분해되어 단맛이 나며, 우리 몸에 천천히 흡수되면서 꾸준히 에너지를 제공하고 기력을 회복시키는 데 도움을 준다. 또한 식이섬유가 포함되어 있어 소화도 잘되며 배변활동에 도움을 준다.

① 감자

감자는 열량 이외에도 비타민 B_1과 나이아신, 비타민 C 등을 공급한다. 감자는 삶거나 구워서 줄 수 있으며 곡식류의 양과 조절하여 주면 좋다. 감자를 이용한 요리에는 감자샐러드, 감잣국, 감자떡, 감자전 등이 있다.

② 고구마

고구마는 식이섬유와 수분이 풍부하다. 따라서 날것으로 섭취해도 좋으며, 굽거나 삶아서 줄 수도 있다. 또한 샐러드나 고구마 밥을 만들어 줄 수도 있다.

(4) 지방 – 식용유, 버터, 마가린

① 식용유, 버터, 마가린

- 식용유와 버터, 마가린은 지방과 지용성 비타민을 공급해 준다.
- 버터나 마가린은 별도로 섭취하기보다는 토스트를 먹을 때나 음식을 볶거나 끓이는 등 요리에 사용하는 것이 좋다.
- 그러나 식용유나 버터, 마가린 등을 과다하게 사용한 튀김이나 패스트푸드 등은 과잉 열량 섭취의 위험뿐 아니라 비만을 초래할 수 있으므로 적당량을 공급해 주어야 한다.

2) 영유아가 섭취하기에 부적합한 식품

영유아들이 섭취하기에 부적당한 식품은 탄산음료나 초콜릿 등 농축된 당이나 소금 함량이 많은 식품, 지방이 많이 들어 있는 식품이나 화학조미료, 인스턴트 및 인공색소나 향료, 방부제가 많이 첨가된 식품, 설익은 과일이나 향이 진한 식품 등을 들 수 있다.

(1) 탄산음료나 당도가 지나친 식품 – 당분이 많이 함유된 사탕, 젤리, 초콜릿 등

- 식사 전후 단맛의 음료수는 식욕을 저하시키므로 피해야 한다.
- 식사에 곁들이는 음료 또는 물은 위액을 희석시키기 때문에 평상시 소화력이 약한 유아에게는 국을 곁들이지 않는 것이 좋다.
- 탄산음료는 단순 당질을 많이 함유하고 있으므로 유아의 식욕을 잃게 하며 식품

의 섭취를 저해한다.

- 과다한 탄산 섭취는 체내 칼슘의 손실을 유도하여 뼈의 악화를 초래할 수 있고 치아 건강에도 좋지 않다.
- 사탕이나 젤리, 잼, 초콜릿, 각종 단 과자 등은 열량을 많이 내기 때문에 비만을 초래할 수 있고 치아에도 손상을 줄 수 있다.

(2) 지방함량이 높은 식품 – 튀김, 기름이 많이 흡수된 음식, 크림이 많은 음식이나 버터 등

- 기름에 튀긴 음식이나 기름이 많이 흡수된 음식, 많은 양의 크림이나 버터, 땅콩버터 등은 영유아에게 부적당한 식품이다.
- 기름기가 많은 음식은 소아비만을 유도할 수 있고 또한 유아의 소화기관을 자극하기 때문에 좋지 않다.
- 기름기가 많은 음식을 섭취하면 입맛이 떨어지고 다른 음식의 맛을 제대로 느끼지 못하므로 하루에 필요한 양만 주도록 한다.

(3) 화학조미료, 인스턴트 및 인공색소나 향료, 방부제가 많이 첨가된 식품(과자류)

- 카레와 생강, 수정과는 학령기 아동부터는 무난하지만, 만 6세 미만의 어린 아이들에게는 바람직하지 않다.
- 카레나 생강, 계피 같은 것은 아직 성숙단계에 있는 어린아이의 내장기관에 강한 자극을 줄 수 있으며, 장내 박테리아균의 유발 가능성이 높아질 수 있기 때문이다.
- 그러나 음식으로서가 아니라 감기 치료 예방으로 권장하는 한방차에서 다른 것과 함께 생강, 계피를 아주 약하게 곁들이는 것은 다른 차원이다.
- 화학조미료나 향신료를 넣은 음식은 소화기관을 자극하기 때문에 유아들에게 부적당한 음식이다. 너무 맵거나 짜고 향신료가 많이 들어간 음식은 위장관에

강한 자극을 주어 상피조직을 상하게 하여 염증을 일으키거나 고혈압을 유발할 수 있으므로 주지 않도록 한다.

(4) 기타 소화 장애를 일으킬 수 있는 덜 익은 과일이나 향이 강한 야채류 등

- 설익은 과일에 포함된 타닌은 소화 장애를 일으키기 때문에 유아에게 좋지 않다. 따라서 과일을 줄 때는 가능하면 제철에 나는 과일을 선택하여 제공하고 풋과일이나 너무 익은 과일은 주지 않도록 해야 한다.
- 향이 짙은 과일과 야채는 피하는 것이 좋다. 이를테면 셀러리나 오렌지와 유자, 레몬의 향은 영유아에게 너무 자극적이다.
- 오렌지보다 겨울철 제철 과일인 귤을 추천하고, 오렌지 주스 역시 유아에게 바람직하지 않지만, 상황에 따라 주게 되면 꼭 희석하는 것이 좋다.
- 마늘이나 파, 양파 등은 강한 향취를 갖는 야채류로 소화기관을 자극하여 가스를 형성하고 배 속의 거북함을 느끼기 때문에 유아들이 먹기에 힘든 식품이다. 그러나 마늘이나 양파는 굽거나 볶고, 파는 찌개나 국에 넣는 등 조리법을 달리하면 강한 향취가 줄어들 수 있다.

2 영유아기 두뇌발달에 영향을 미치는 영양소와 식품

1) 두뇌발달에 도움을 주는 식품

(1) 모유

- 모유에는 아라키돈산, 천연 DHA, 타우린, 아미노산 등의 영양소가 풍부하게 함유되어 있어 아기의 두뇌발달을 촉진시킨다. 특히 뇌세포가 성숙되고 세포 간

연결을 이루는 데 주요 역할을 한다.

- 엄마젖에 들어 있는 풍부한 영양성분과 엄마와의 친밀한 접촉을 통해 아기의 두뇌가 발달하기 때문이다.
- 모유수유는 아기의 하악골 발달을 도와 뇌 발달을 촉진한다.

(2) 두뇌발달에 필요한 단백질이 듬뿍 들어 있는 우유, 치즈, 유제품, 두부, 콩, 달걀

① 우유와 치즈, 유제품

- 우유와 치즈는 뇌에 좋은 단백질의 대표식품이다.
- 우유에 다량 함유된 단백질은 뇌세포의 손상을 막고 개체수를 증가시켜 주는 성장기 두뇌에 꼭 필요한 성분이다.

- 치즈는 뇌세포의 20~30%를 차지하는 물질인 레시틴을 함유하고 있다. 레시틴을 꾸준히 먹으면 머리가 좋아진다.
- 유제품에는 비타민 B와 단백질이 많이 함유되어 있으며, 뇌세포를 재생시켜 주는 데 도움을 주는 레시틴 성분을 함유하고 있다.

② 두부, 콩

- 주로 레시틴이 풍부하여 영유아의 두뇌기억력, 집중력과 사고력을 향상시켜 준다.
- 콩에는 양질의 단백질과 지방, 탄수화물, 무기질 등이 풍부하게 함유되어 있다.

- 콩에는 뇌세포의 회복을 도와주는 레시틴과 두뇌의 노화를 촉진시키는 과산화지질의 생성을 억제하는 사포닌 성분이 들어 있다.
- 콩은 발효시켜 된장이나 두유, 두부를 이용한 요리를 해서 먹으면 좋다.
- 주의할 점은 알레르기를 일으키기 쉽기 때문에 이유식 중기 무렵인 생후 7개월부터 먹여야 한다.

③ 달걀

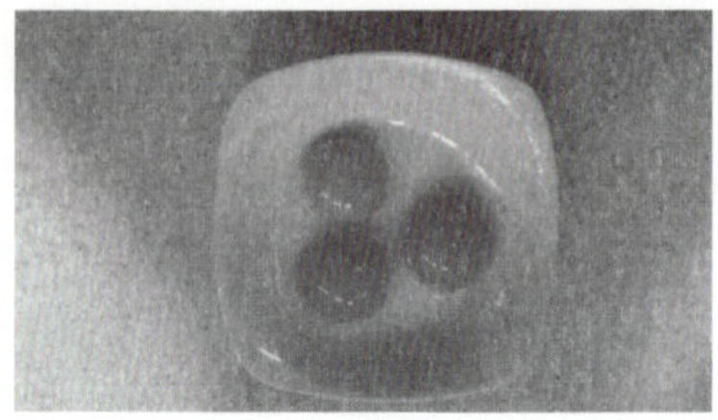

- 달걀은 단일음식으로는 영양가가 가장 뛰어난 것으로 알려져 성장기 아이들에게 특히 좋다.
- 특히 달걀 노른자에는 집중력과 기억력을 향상시켜 주는 레시틴과 양질의 단백질이 많다. 그러나 너무 이른 시기부터 달걀을 많이 먹이면 알레르기를 유발할 소지가 많아서 주의를 요하는 음식이다.

(3) DHA가 다량 함유되어 있는 등 푸른 생선

- 등 푸른 생선에는 고등어, 꽁치, 삼치, 참치, 방어, 정어리, 멸치 등이 있다.
- DHA성분이 풍부하게 들어 있어 뇌세포를 생성하고, 기억력 발달과 집중력 향상에 도움이 되며 영유아의 전체적인 뇌 발달에 효과적인 식품이다.
- 다른 어종에 비해 지방 함량이 20%가 높고, 풍부한 아미노산은 영유아의 신진대사의 활동과 신체 에너지를 높여 신체 성장에 좋은 역할을 한다.
- 비타민 B가 풍부하여 빈혈이나 현기증을 예방할 수 있으며, 비타민 A 섭취로 아이들의 감기 예방에도 좋다.

- 단, 너무 많은 섭취를 하게 되면 수은 중독을 유발할 수도 있으니, 주 1~2회 정도가 적당하며, 반드시 완전하게 익혀서 먹어야 한다.

(4) 뇌신경세포를 성장시켜 아이들의 뇌 활동을 돕는 잣, 호두, 밤, 호박씨와 같은 견과류

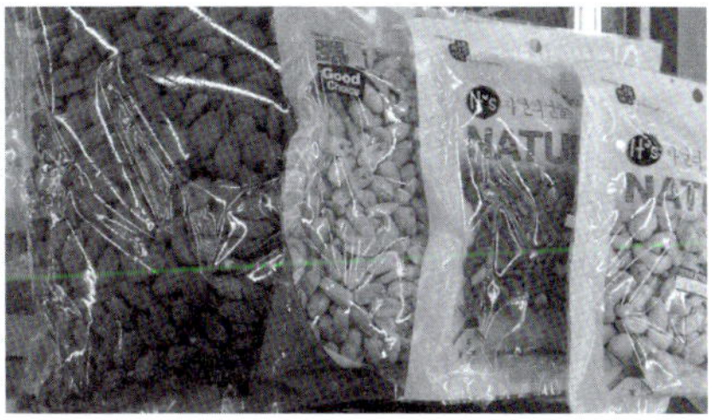

- 스트레스를 억제하는 마그네슘 성분이 많이 들어 있는 견과류는 머리에 좋은 음식으로 대표적인 식품이다.
- 견과류는 불포화지방산과 비타민 A, B, 칼슘과 무기질이 풍부해 뇌의 스트레스를 완화시켜 주고, 집중력과 기억력을 키우는 데 도움을 준다.
- 땅콩은 비타민 B와 아미노산이 풍부해 두뇌 회전을 활발하게 해준다.
- 호두는 뇌세포 막의 지질 성분과 같은 오메가3가 풍부하여 두뇌를 보호하고, 두뇌 발달에 매우 좋은 견과류이다.
- 호박씨는 아미노산과 비타민, 판토텐산 등이 골고루 함유되어 있어 뇌 발달에 도움을 준다.
- 견과류를 싫어하는 아이들은 조청이나 올리고당을 넣어 스틱 형태로 만들어 주면 좋다.

(5) 뇌기능을 활발하게 하는 항산화 식품 시금치 등 녹황색 채소와 오렌지 등 과일

① 시금치 등 녹황색 채소

- 시금치는 칼슘과 철분, 엽산, 비타민 B_6이 풍부하여 뇌에 활력을 주기 때문에 두뇌 발달에 좋다.

- 브로콜리에는 콜린과 비타민 K가 다량 함유되어있다. 콜린은 두뇌와 기억에 필수적인 새로운 뇌 세포의 성장과 뇌신경의 연결을 촉진시켜 주는 역할을 하고, 비타민 K는 뇌의 인지기능을 향상시키고 기억력을 개선하는 데 도움을 준다.
- 토마토에 들어 있는 리코펜은 뇌세포의 강력한 손상을 없애주는 항산화 성분이다. 매일 리코펜을 먹은 사람과 그렇지 않은 사람의 기억력은 상당한 차이가 난다고 알려져 있다.
- 고구마, 당근에는 체내 활성산소를 제거하고 뇌 신경조직에 질환이 생기지 않도록 해주는 '카로티노이드'라는 물질이 풍부하다.

② 오렌지와 귤

오렌지와 귤에는 비타민 C가 많이 함유되어 있어 두뇌에 독성 플라그가 쌓이는 것을 막아주며, 기억력을 향상시켜 주고 졸릴 때 잠을 깨워줘서 뇌를 활성화시켜 준다. 두뇌 발달 효과뿐만 아니라 엽산, 칼륨, 섬유질이 풍부하여 면역력을 증가시켜 준다.

(6) 두뇌 회전을 좋게 하는 현미, 통 보리류의 잡곡

① 현미

- 현미에는 비타민과 미네랄, 칼슘, 철분 등이 풍부하게 들어 있다.
- 신체 발육에 중요한 비타민 B_2가 다량 함유되어 있어 성장기 아이들에게 상당히 좋은 음식이다.

꼬치에 과일을 끼워요	과일 꼬치 완성!! 맛있게 냠냠 먹어요

평 가	영아들과 함께 과일 꼬치를 만들어 보았다. 영아들이 꼬치에 쉽게 끼울 수 있도록 딱딱한 과일이 아닌 잘 끼울 수 있는 것으로 준비하였다. 영아들에게 과일 이름을 알려주고 어떻게 끼우는지 보여주고 꼬치에 과일을 끼워보았다. 영아들에게 한 번 보여주었더니 잘 따라서 꼬치에 과일을 끼웠다. 꼬치로 먹으니 방울토마토를 잘 먹지 않았던 영아도 잘 먹었다. 영아들이 모두 맛있다며 좋아하였다. 다음에도 영아들이 쉽게 할 수 있는 요리 수업을 준비해야겠다.

실제 8-2

요리활동계획안

활동명	바나나빵 만들기	활동일	
		대상연령	만 4세
소요시간	30분	집단크기	대집단
활동목표	• 식빵을 이용하여 다양한 모양을 만들 수 있다. • 소근육 발달을 돕는다.		
준비물	식빵, 바나나, 밀대, 잼, 쟁반, 수저		
요리순서	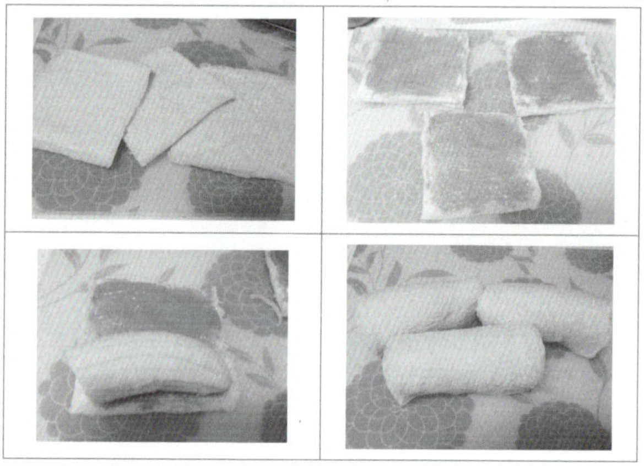		
활동방법	1. 수수께끼로 주의집중을 시킨다. - 나에게는 달콤한 냄새가 나요. - 나는 길어요. - 나는 노란색이에요. - 나는 원숭이가 좋아해요. 2. 재료를 보며 이야기를 나눈다. - 바나나 빵을 만들 때 필요한 재료를 알아보자. 어떤 것이 필요할까? - 바나나와 식빵을 가지고 어떻게 활동을 할까? - 이쑤시개는 왜 필요할까?		

활동방법	3. 활동방법을 알아본다. ① 식빵의 테두리를 자른다. ② 잼을 식빵 위에 조금 바른다. ③ 바나나 껍질을 벗겨 식빵 위에 놓는다. ④ 식빵을 바나나와 함께 말아본다. ⑤ 식빵이 풀리지 않도록 이쑤시개를 간격을 두고 꽂는다. ⑥ 빵칼로 잘라본다. 4. 요리를 할 때 주의해야 할 점에 대해 이야기를 나눈다. - 이 요리를 할 때 주의해야 할 점이 있어. 무엇이 있을까? - 빵칼은 날카로울 수 있으므로 손을 조심히 해요. - 이쑤시개는 뾰족해서 장난치면 안 돼요. 5. 요리를 한다. 6. 요리한 주변을 정리한다. 7. 손을 씻고 제자리에 앉아서 바나나 빵을 간식으로 먹어보고 맛에 대해 이야기를 나눈다. - 너희들이 만든 바나나 빵의 맛이 어때?
확장활동	식빵을 이용한 요리가 무엇이 있는지 이야기해 본다.
활동사진	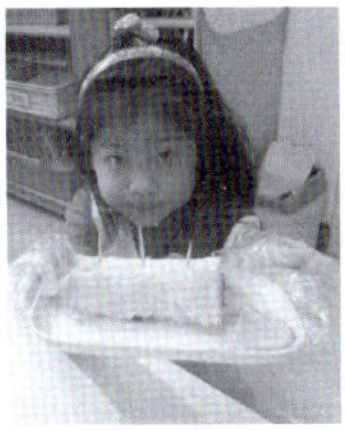 
평 가	식빵 테두리를 자르는 것을 무척 어려워하였다. 썰지 않고 눌러서 자르게 되니 으깨지거나 찢어졌다. 유아들도 여러 번 시도를 하려고 애를 썼다. 잘린 식빵의 크기가 바나나보다 너무 작아서 둥글게 말아도 다 덮히지 않아서 이쑤시개를 여러 개 꽂아놓기도 하였다. 만들 때는 어려워하더니 먹을 때는 순식간에 먹었다. 잼을 사용해서 더 달콤하고 맛이 있었다.

실제 8-3 식품의 기능과 건강에 미치는 영향

교구 만들기

<table>
<tr><td rowspan="2">활동명</td><td rowspan="2">음식과 신체관계 알기</td><td>활동일</td><td></td></tr>
<tr><td>대상연령</td><td>만 1~3세</td></tr>
<tr><td>소요시간</td><td>30분</td><td>집단크기</td><td>대집단</td></tr>
<tr><td>활동목표</td><td colspan="3">• 음식의 이름을 안다
• 음식과 신체와의 관계를 안다</td></tr>
<tr><td>준비물</td><td colspan="3">이야기 나누기용 그림자료 4장</td></tr>
<tr><td rowspan="2">만드는 방법</td><td colspan="3">A3 크기의 마닐라지에 다음과 같은 내용을 나타내는 그림을 그리고 음식을 하나씩 붙일 수 있도록 보들이를 붙여둔다. 음식은 별도로 제작하여 그림 뒷면에 붙여두었다가 하나씩 이야기하면서 앞으로 옮겨 붙일 수 있도록 한다.</td></tr>
<tr><td colspan="3"><table>
<tr><td></td><td></td></tr>
<tr><td>우리가 놀거나 생활을 하는 데
필요한 힘을 줍니다. 어떤 음식일까요?</td><td>밥, 감자, 빵, 콘플레이크, 옥수수</td></tr>
<tr><td></td><td></td></tr>
<tr><td>우리가 쑥쑥 자랄 수 있도록 도움을 주고 힘이
세지도록 합니다. 어떤 음식일까요?</td><td>고등어, 꽁치, 잣, 땅콩, 참기름, 참깨</td></tr>
</table></td></tr>
</table>

만드는 방법		
	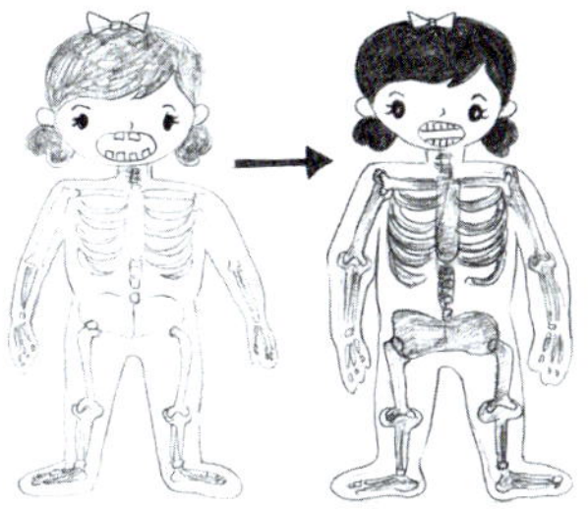	
	우리의 뼈와 이를 튼튼하게 하고 잘 자라게 합니다. 어떤 음식일까요?	우유, 치즈, 시금치, 브로콜리

	우리 피부를 곱게 하고 얼굴을 더 예쁘게 만들어 줍니다. 어떤 음식일까요?	사과, 귤, 콩나물, 딸기, 브로콜리, 포도

CHAPTER 09

영유아의 영양평가

CHAPTER

09 영유아의 영양평가

영양평가는 개인이나 집단을 대상으로 영양의 섭취수준이나 영양 관련 건강지표 등 다양한 정보를 수집하여 건강과 관련된 상황을 종합적으로 분석하고 영양의 문제점을 찾아내는 일련의 과정을 포함한 것이다. 영양평가는 정기 영양평가와 선별 영양평가로 나누어지며 선별 영양평가는 심층평가와 특수평가로 나누어진다. 평가 내용에는 신체계측, 임상조사평기, 식사내용, 검사실 검사 등 항목이 포함된다.

1 영양평가의 구분

1) 정기 영양평가

정기 영양평가는 영유아가 적절한 영양섭취로 잘 자라고 있는지를 평가하는 것으로 성장기에 있는 모든 영유아를 대상으로 영양에 관한 기초적인 항목에 대해 정기적으로 평가하는 것을 말한다.

2) 선별 영양평가

영유아가 정상 성장곡선에서 벗어나거나, 또는 특정 질환을 앓고 있거나 앓았던 병력을 가지고 있는 영유아를 대상으로 실시하게 된다.

질병의 유무에 따라 단순히 영양에 관한 심층평가와 특수평가로 구분한다.

(1) 심층평가

기초 영양평가 결과 판명된 질병이 없는 경우에 실시하며, 심층평가를 통해 단순한 영양적인 문제 또는 숨어 있는 질병을 감별하게 된다. 정기평가보다 광범위하게 실시되고 관련 전문의의 진찰이 반드시 포함되어야 한다.

(2) 특수평가

기초 영양평가 결과 질병 또는 건강상의 문제가 발견되었을 때 실시하며, 평가항목은 심층 영양평가에 준하지만 특수질환에 관한 정밀검사가 포함된다.

영양평가의 항목과 내용을 살펴보면 <표 9-1>과 같다.

〈표 9-1〉 영양평가의 항목

항 목	정기평가	선별평가	
		심층평가	특수평가
평가대상	모든 영유아	성장곡선을 따라 정상적으로 성장하지 못하는 영유아	질병 또는 건강상의 문제가 발견된 영유아
평가목표	정상적인 신체발육 확인	영양적인 문제 파악	질병상태에 따른 영양적인 문제 파악
신체계측	1) 신장, 체중, 두위 2) 성장곡선 작성	1) 신장, 체중, 두위 2) 피부두께, 상완둘레, 가슴둘레, 상하체 비율 3) 성장곡선 작성	1) 신장, 체중, 두위 2) 피부두께, 상완둘레, 가슴둘레, 상하체 비율 3) 성장곡선 작성

임상소견 (임상평가)	1) 외관 2) 건강내력	1) 외관 2) 건강내력 3) 전문의 진찰	1) 외관 2) 건강내력 3) 전문의 진찰 4) 특수질환에 관한 임상검사
식사내용	1) 식품의 종류와 양 2) 조리방법 3) 섭취방법 4) 보조영양제의 내용	1) 음식일지	1) 음식일지
검사실 검사	1) 전혈구 계산(CBC) 헤모글로빈 헤마토크리트 2) 뇨 검사	1) 빈혈에 대한 검사 2) 뇨검사 3) 혈청단백, 지질, 당, 전해질 4) 간 기능 검사	1) 특수질환에 관한 정밀검사

출처 : 이상일 · 최혜미(2002). 영유아 영양. p. 37.

2 영양평가의 내용

영양평가의 항목에는 신체계측, 임상소견, 식사내용, 검사실 검사 등이 포함된다. 각각의 내용에 대해 구체적으로 살펴보면 다음과 같다.

1) 신체계측에 의한 평가

신체계측에 의한 평가는 체격을 측정하고 신체의 대강의 구성성분을 측정하는 방법이다. 영유아의 영양 및 건강 상태를 평가하기 위해 가장 유용한 자료로 많이 이용하고 있는 방법이다.

신체계측을 하는 항목으로는 신장, 체중, 머리둘레, 앉은키, 피부두께, 가슴둘레, 팔 둘레 측정 등이 있으며, 2013년도 검진기관평가에서 제시한 신체계측지침서에 따른 정확한 신체계측의 방법은 다음과 같다.

(1) 키(Height or length) 계측

- 신장은 신생아부터 성인까지의 영양문제를 판정할 수 있는 가장 간단하면서도 객관적이며, 모든 신체계측의 기본 자료가 된다.
- 신장은 나이가 어릴수록 계측방법에 따라 오차가 생길 수 있으므로 정확한 계측을 할 수 있도록 노력해야 한다.
- 신장은 설 수 있는 경우(2세 이상 유아)와 설 수 없는 경우(2세 미만 영유아)를 구분하여 측정한다.

〈2세 이상 유아(height)〉

① 피검자는 간편한 복장 또는 속내의(런닝과 팬티만 착용) 상태로 측정 자세가 잘 보일 수 있도록 한다.

② 피검자를 수평면에 곧바로 세우고 발뒤꿈치, 엉덩이, 등, 머리의 뒷부분이 수직판에 닿도록 한다.

③ 머리는 정면을 보게 하여 소위 'Frankfort Horizontal Plane'에 위치되게 한다.

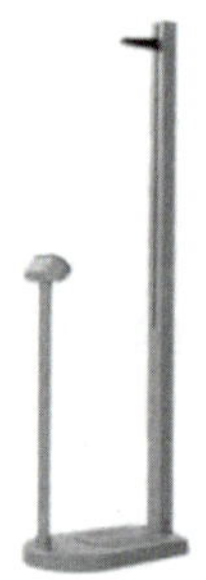

전자식 신장 - 체중 측정기

출처 : 동산제닉스.

④ 양팔은 손바닥을 다리를 향하게 하여 힘을 빼고 자연스럽게 늘어뜨리게 한다.

⑤ 팔꿈치를 모으고 발의 내측선(medial boarders)이 약 60°가 되게 벌리고 무릎이 내측은 겹치지 않고 접촉되게 한다.

⑥ 다음으로 숨을 깊게 들이마신 상태로 있게 한 후 수평판을 머리의 정점에 닿게 한다. 이때 머리카락을 누를 정도의 압력만을 가한다.

⑦ 측정자는 피검자의 정면과 측면에서 바른 자세가 되도록 교정해 준다.

⑧ 계측기에 표시된 눈금의 수치를 0.1cm 단위로 읽는다.

〈2세 미만 영유아(length)〉

① 피검자를 똑바로 눕힌 후 얼굴을 앞으로 향하도록 하여 측정선과 몸이 평행이 되도록 한다.

② 머리는 정중면을 향하도록 하며, 이때 한 사람의 측정자가 머리를 고정시킨다.

③ 다른 한 사람은 피검자의 발을 잡고 측정자의 팔꿈치로 피검자의 무릎을 반듯이 펴지게 누른다.

④ 발을 완전하게 수직으로 똑바로 펴서 발 부위의 측정판을 움직여 발뒤꿈치에 완전히 붙인 다음 측정판에 표시된 키의 측정치를 읽는다.

- 키를 정확히 측정하기 위해서는 2명의 측정자가 측정하는 것이 좋다.
- 누워서 측정한 키는 서서 측정한 키에 비해 측정치가 0.7cm 정도 크다고 알려져 있으므로 2세 이상의 유아가 누워서 측정한 경우라면 표준 성장도표와 비교할 때나 체질량지수를 계산할 때 0.7cm를 뺀 값을 키로 이용하여 평가하여야 한다.

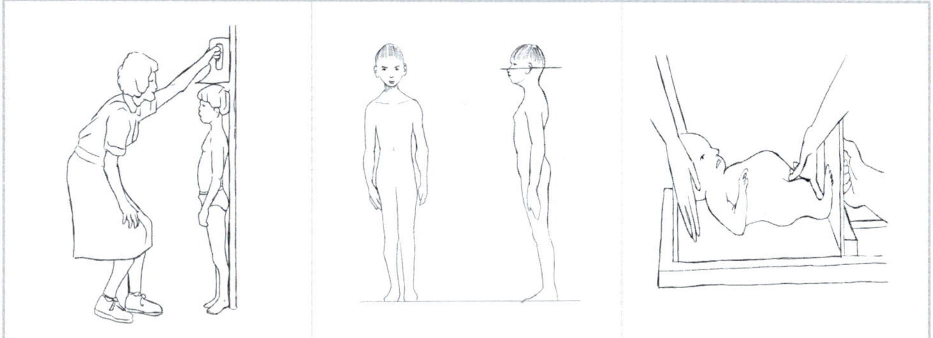

2세 이상 유아(height) | 누운키(length) 측정(2세 미만)

(2) 몸무게(Weight) 계측

- 체중은 신생아부터 성인까지의 영양문제를 판정할 수 있는 가장 간단하면서도 객관적이며, 모든 신체계측의 기본 자료가 된다.
- 체중은 나이가 어릴수록 계측방법에 따라 오차가 생길 수 있으므로 정확한 계측을 할 수 있도록 노력해야 한다.
- 몸무게 측정은 전자식 저울을 사용한다.

① 저울은 바닥이 평평하고 단단한 곳에 놓고 수평위치를 잡는다.

② 측정하기 전에 영점조정을 시행한다.

③ 피검자를 발판 위에 올라서게 하고 몸무게가 양쪽 발에 골고루 분포되도록 가만히 서 있게 한다.

　− 피검자는 속내의만을 입거나 될 수 있으면 팬티만 입게 한다.

④ 측정기에 표시된 눈금을 100g 단위로 읽는다.

	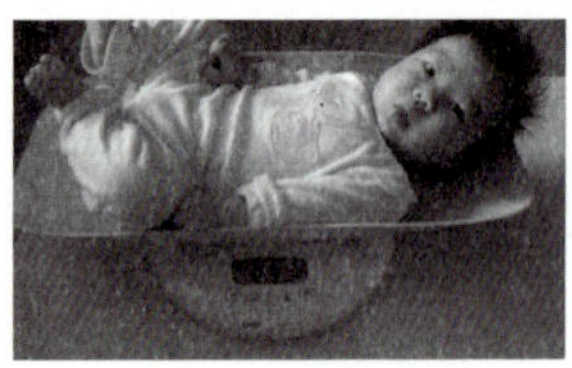	
신생아용 체중계	영아체중측정	유아체중측정

※ 표준비 체중지수

표준비 체중지수는 키에서 100을 뺀 후 0.9를 곱하면 나오는 값이 표준몸무게이다. 10% 전・후가 이상적인 체중이며 20% 전・후는 주의를 요한다. 30% 전・후는 매우 위험한 몸의 상태를 의미한다.

※ 비만도(표준체중 = (자신의 키 − 100)*0.9)

〈표 9-2〉 비만도 판정

비만도	판 정	비만도	판 정
79% 이하	심한 저체중	110~119%	과다
80~89%	약간 저체중	120~129%	약간 비만
90~109%	정상체중	130% 이상	심한 비만

(3) 머리둘레(Head circumference)의 계측

- 측정 기구는 줄자가 공동으로 쓰인다. 0.7cm 폭의 줄자로 잘 휘어지면서 탄력성이 없어 늘어나지 않는 것을 사용한다.
- 줄자의 영점 쪽을 왼손으로 잡고 오른손으로 나머지 부분을 잡아 영점과 만나는 눈금을 읽는다.
  ① 측정 시 얼굴은 정면을 바라보도록 한 후 정면을 향한 얼굴의 왼편에서 측정한다.
  ② 이때 귀의 위쪽에서 이마의 눈이 움푹 들어간 부위의 바로 윗부분으로 줄자를 수평이 되도록 돌려서 머리카락을 가볍게 누른 상태로 측정한다.
  ③ 이때 줄자가 수평면을 이루도록 하고 측정보조자가 돕게 한다.
  ④ 피부를 누르지 않도록 하고 0.1cm까지 측정한다.

2세까지는 키의 증가와 머리둘레가 밀접한 관계가 있기 때문에 영양 상태를 평가하는 수단으로 사용할 수 있으나 2세 이후에는 머리둘레의 성장속도가 느리기 때문에 평가수단으로 사용하기에 적합하지 못하다.

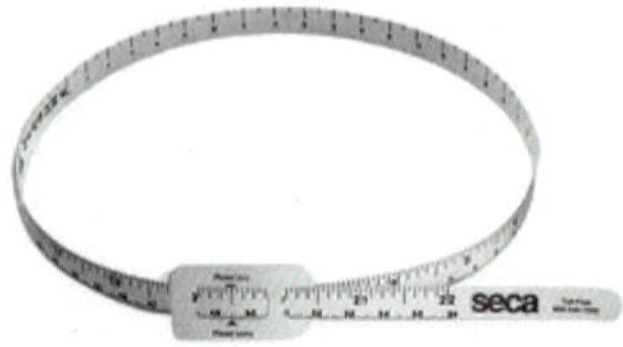

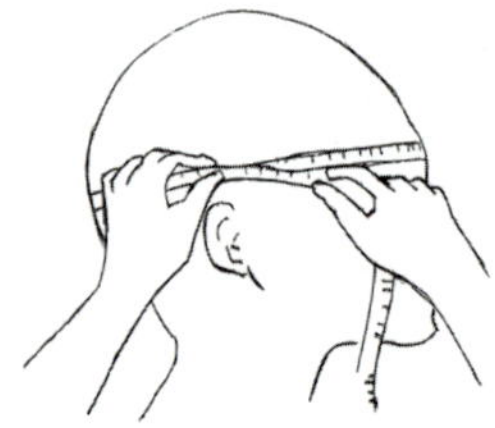

(4) 앉은키와 상 · 하체의 비율 측정

- 신장을 측정할 때와 같은 방법으로 앉히거나 뉘인 상태에서 머리 정수리에서부터 엉덩이까지 측정한다.
- 앉은키는 상체의 길이에 해당하고 신장에서 앉은키를 뺀 것을 하체의 길이로 간주한다.
  - 전체 키에 대한 앉은키의 비율은 신생아는 80% 이상, 성인기 이전까지 60~ 70%, 성인기 이후 50% 이하로 감소한다.
  - 이 비율은 인종과 개인차이가 많으나 성장판, 성장호르몬의 이상에 의한 질환을 감별하는 좋은 자료가 된다.

앉은키 재는 저울

출처 : 동산제닉스.

(5) 피부두께 측정(체지방 측정법)

- 피하지방을 간단하게 측정하는 방법은 피부 두 겹 집기법으로 특정 부위의 피부를 엄지와 집게손가락으로 잡아서 잡힌 피부의 두께를 집게형의 측정기(캘리퍼 : caliper)를 이용하여 측정한다.
- 피부 두 겹 두께 값이 35~40%는 경증 영양결핍, 25~35%는 중등도 영양결핍, 25% 이하는 중증 영양결핍을 의미한다.

① 보통 선 자세로 신체 우측 부위에서 측정한다.

② 엄지와 검지로 피부를 집어서 앞으로 당겨 그 밑에 있는 근육과 분리한다(영유아의 경우 피하지방을 근육과 분리하여 측정하는 데 어려움이 있기 때문에 정확한 피부두께를 측정하기 위해서는 연습을 많이 해야 한다).

③ 손가락으로 접힌 피부를 잡고 손가락 밑 1/4인치 지점(어깨와 팔꿈치의 중간 살찐 부분)을 측정한다.

④ 몇 번 반복 측정하여 수치가 일치되는 것을 확인하고 비슷한 두 값의 평균으로 한다.

캘리퍼

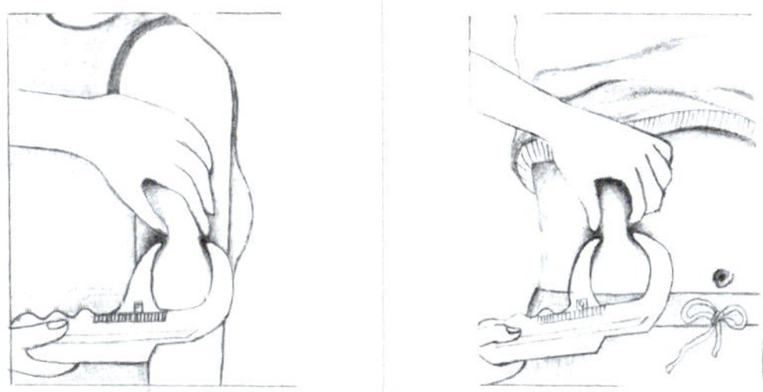

피부 두 겹 두께 측정방법

출처 : 대한비만학회(2006).

(6) 가슴둘레 측정

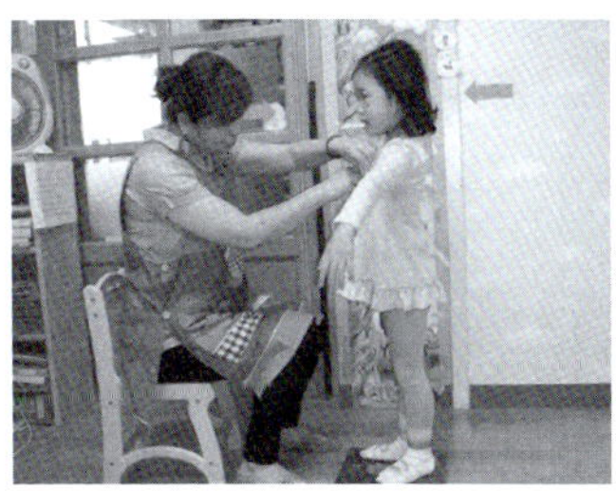

- 선 자세에서 피측정자가 자연스럽게 숨을 들이마신 후 숨을 멈추듯이 할 때, 겨드랑이 밑과 유두 점을 지나도록 하는 수평둘레를 앞쪽에서 계측한다.
- 이때, 부드러운 줄자를 가볍게 당겨 1mm까지 계측한다.

(7) 팔 둘레(상완) 측정(체단백질량 측정법)

- 36개월 이상의 유아를 적용대상으로 한다.
- 상완둘레(팔 둘레)를 측정하는 방법은 체단백질량을 측정하는 가장 간단한 방법이다.
- 상완의 중간 부위를 줄자로 계측한다.
- 상완둘레는 상완 중간을 부드러운 줄자로 2회 이상 측정하여 얻은 평균값으로 한다.

위팔 측정법

▷ 팔을 자연스럽게 내린 상태의 겨드랑점 밑 위팔둘레

▶ 선 자세에서 오른쪽 겨드랑점 수준의 위팔둘레를 오른쪽에서 측정한다.

아래팔 측정법

▷ 팔을 자연스럽게 내린 상태에서 아래팔 최대둘레

▶ 선 자세에서 오른쪽 아래팔 부위의 최대 둘레를 오른쪽에서 측정한다.

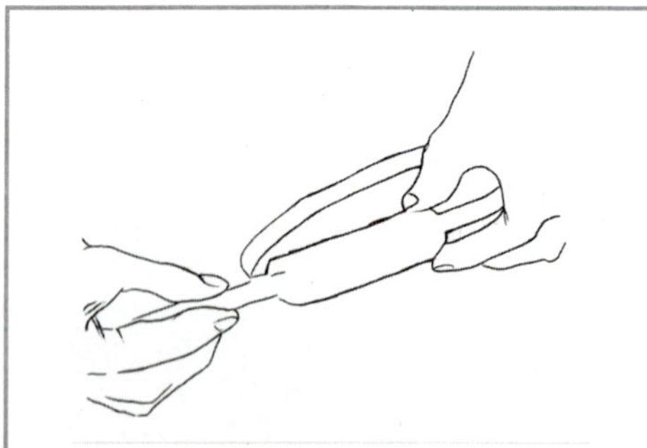

측정을 위한 줄자

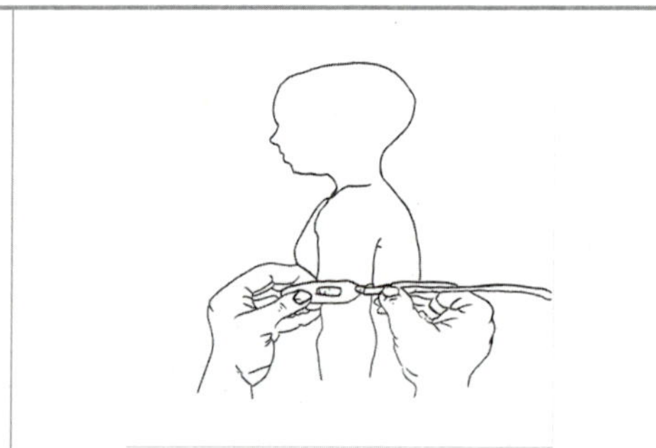

상완위 측정

신체 계측 평가의 내용과 측정방법을 다시 한 번 표를 보면서 정리하면 먼저 <표 9-3>과 같다.

〈표 9-3〉 신체계측의 측정방법

항 목	적용연령	측정방법	기 준
신 장	2세 미만	• 누운 자세로 계측한다.	• 같은 연령과 성별의 성장곡선에서 3백분위수 미만(100명 중에서 앞에서 3번째 미만) : 저신장, 성장부진
	2세 이상	• 세운 자세로 계측한다.	
체 중	2세 미만	• 스케일(규모)이 30kg을 넘지 않는 바구니 체중계를 이용한다. • 옷을 벗고 계측하되 부득이한 경우, 가벼운 내의만을 입히고 계측한 뒤 내의 무게를 뺀다.	• 이상체중의 120% 이상 : 비만 또는 과체중 • 3백분위수 미만 : 저체중
	2세 이상	• 스케일(규모)이 100kg을 넘지 않는 체중계가 바람직하다. • 가벼운 내의만을 입히도록 한다.	
머리둘레	모든 연령	• 이마의 가장 튀어나온 부위와 뒤통수 정점을 지나는 최단둘레를 줄자로 계측한다.	• 3백분위수 미만 : 소뇌두뇌발육부진을 동반하는 질병, 오랜 기간의 심한 영양결핍을 의미
앉은키	모든 연령	• 머리 정수리에서 엉덩이까지 신장계측과 같은 방법으로 계측한다.	
피부두께	모든 연령	• 캘리퍼(caliper : 두께를 재는 양각기구)를 이용하여 상완 중간 뒤쪽 삼두근의 피부두께를 3회 측정한 값의 평균값을 계산한다.	• 90~95백분위수 이상 : 비만 • 3백분위수 미만 : 저체중
상완둘레	36개월 이상	• 상완의 중간 부위를 줄자로 계측한다. • 피부두께와 상완둘레를 공식에 대입하여 상완근육 둘레와 면적을 구한 값으로 영양평가를 한다.	• 5백분위수 미만 : 영양불량
가슴둘레	모든 연령	• 겨드랑이와 유두 점을 지나는 최단거리를 계측한다.	

출처 : 김일옥 · 최경순(2008). 아동영양학, p. 74.

2) 임상조사 평가

임상조사는 영양상태의 불량 정도에 따라서 다양하게 나타나는 신체 증후를 조사하는 것으로 비용이 저렴한 편이다. 유아의 영양결핍상태에서 임상적 증후는 대단히 복잡하며 실제로 어느 한 가지의 특정 영양소가 결핍되어 나타나는 예는 드물지만, 대개는 어떤 필수 영양소가 동시에 오랫동안 부족하거나 결핍되어 나타나는 경우가 많다. 그러나 대체로 임상적 증후가 늦게 나타나고 비 특이적이므로 경험이 많은 훈련된 전문 의료인이 평가하여야 하며, 진단을 위해서는 생화학적 검사와 다른 조사 방법과 병행해야 한다.

(1) 외관

아이의 체형과 자세 같은 전반적인 신체와 활동상태 및 표정 등을 관찰한다.

(2) 건강내력 및 전문의 진찰

태아기부터 현재까지의 건강내력 및 식이정보를 알아보고, 이상소견이 발견되면 전문의 진찰 및 특수검사를 받아서 평가한다.

외관으로 판단할 수 있는 영양문제와 관련된 임상적 소견내용은 <표 9-4>와 같다.

〈표 9-4〉 영양문제와 관련된 임상적 소견

기관	정상 아동의 특징	성장 불량 아동의 특징	영양문제
피 부	- 피부는 매끄럽고 윤기가 나며 보드랍다. - 정상적인 분홍색깔이다.	- 건조하고 거칠고 탄력이 없다. - 피부지방이 전혀 없다. - 창백하거나 황달색, 멍이 들고, 부분적인 피부병변이 나타난다.	PEM 비타민 A 비타민 B 비타민 C
머리카락	- 머리카락이 윤기가 난다. - 부드럽고 탄력이 있다.	- 머리카락이 건조하고 광택이 없으며 잘 부스러진다. - 가늘고 잘 빠진다.	PEM

눈	- 눈은 투명하고 맑다. - 어두운 곳에서도 바로 적응한다. - 흰자위가 핏발이 없이 깨끗하다.	- 눈빛이 탁하고 건조하며 윤기가 없다. - 눈은 충혈되어 있고 황색을 띤다. - 어두운 곳에서 적응이 늦다. - 눈두덩이 부어 있다.	비타민 A 비타민 B 철분, 아연
구강, 치아와 잇몸	- 색이 붉다. - 적당히 수분기가 있다. - 충치, 빠진 치아가 없이 고르게 정렬되어 있다. - 치아가 윤기가 나며 옅은 황백색을 띤다. - 잇몸이 건강하다.	- 창백하거나 출혈이 있다. - 건조하거나 침을 많이 흘린다. - 충치가 있고, 치아모양이 정상적이지 못하고 갈색을 띠거나 부분적으로 탈색되어 있다. - 잇몸이 자주 붓는다. - 피가 자주 난다.	무기질 비타민 C
혀	- 촉촉하며 붉은색을 띤다. - 작은 돌기가 균일적으로 덮여 있다.	- 창백하거나 자줏빛이다. - 돌기가 소실되어 혀가 반짝거린다. - 건조하거나 갈라지거나 백태로 덮여 있다. - 입 밖으로 돌출되거나 붓고 치아자국이 생기거나 궤양이 있다.	비타민 B
갑상선	- 정상크기	- 목이 부어 있다.	요오드
손 톱	- 균형 있는 모양으로 유연하다. - 핑크빛을 띠며 윤기가 있다.	- 쉽게 부러진다. - 빛이 창백하거나 청색을 띤다. - 변형된 모양을 띤다.	철분 무기질
근 육	- 근육이 강직성이 있다. - 근육질이다.	- 근육이 약하다. - 지방질이다.	PEM
골 격	- 골격크기가 정상이다.	- 뼈끝이 뭉툭하다. - 골격은 휘고 무릎이 굽어 있다.	비타민 D
전반적 성장	- 나이에 알맞은 정상 성장을 보인다. - 운동과 활동은 원기왕성하며 적극적이고, 집중력이 좋다. 자극에 대한 반응이 적극적이다. - 행동은 민첩하고 집중력이 높다. 협동적이고 주의력이 높고 호기심이 많으며 인내심이 양호하다.	- 게으르고, 쉽게 지침, 무관심하고, 산만하다. - 자극에 대한 반사운동이 미온적이다. - 비만, 급격한 체중감소, 비정상적인 성장, 성장 지연 등이 된다. - 얼굴이 창백하고 집중력이 부족하다. - 쉽게 흥분하고 주의가 산만하고 활동성이 미약하며 모든 일에 무관심한 특성을 가지고 있다.	PEM 비타민 무기실

출처 : 이상일 · 최혜미 외(2002).

3) 식사내용 평가

식사내용 평가는 영양상태 판정의 가장 기본적인 단계로 대상자들의 식생활 관련 사항을 파악하여 섭취된 식품의 형태와 양, 함유되어 있는 영양소 및 그 외 성분들에 대한 섭취량을 알아볼 수 있는 방법이다.

식사내용의 평가에는 영유아가 무엇을 얼마나 어떻게 먹는가의 내용이 반드시 포함되어야 한다. 즉, 식품의 종류와 양, 공급형태 또는 조리방법과 섭취방법, 기타 식습관 및 식품 알레르기 증상 여부가 포함되어야 한다. 조사를 통하여 드러난 문제점과 잠재하고 있는 식사의 문제점 등을 분석하고 그 결과를 대상자의 영양 필요량과 비교해서 섭취된 식사가 적합한지를 평가할 수 있다.

(1) 회상법

- 회상법은 조사자가 직접 또는 간접적인 방법으로 만나 일정 기간 동안 섭취한 식품의 종류와 양을 기억하도록 하여 기록(식사력 : feeding history)한 후, 조사한 자료로부터 영양소의 섭취량을 추정하는 방법이다.
- 식사력은 기억에 의존하여야 하기 때문에 영양공급의 윤곽을 파악하는 정도로 사용되며, 식품 알레르기와 같은 경우에 원인식품을 파악하기 위해서는 매우 좋은 수단이기도 하다. 이때에는 문제발생 전의 한두 끼니 또는 1~2일간에 먹은 음식을 기억하도록 하는 회상법을 사용하게 된다.
- 회상해 내는 기간에 따라 24시간 회상법, 7일 회상법이 있고 주로 전자의 방법을 많이 사용한다. 정확한 정보를 얻기 위하여 섭취한 식품의 종류와 양은 물론, 상표명, 조리방법까지도 상세히 기록하도록 하고 조사자에 대한 훈련을 사전에 실시하여 각종 오차를 줄여야 하며 식품모형이나 사진, 그릇, 계량컵, 숟가락 등의 보조도구를 사용할 필요가 있다.

〈표 9-5〉 회상법의 장점과 단점

장 점	단 점
- 검사하기가 빠르고 간편하다. - 피상담자가 글을 쓰지 못해도 가능하다. - 피상담자의 평소 식사패턴에 영향을 주지 않는다.	- 피상담자의 기억에 의존하기 때문에 내용이 부정확할 수 있다. - 평상시 식사의 내용을 잘 알지 못할 수 있다. - 상담자의 기술이 필요하다.

(2) 식사 기록법 또는 식사 일지법

식사 기록법은 조사기간 동안 조사대상자 본인이 섭취한 음식물의 종류와 양을 일기식으로 직접 기록하도록 하는 방법으로 작성내용은 회상법과 동일하며 실제로 측정한 실측량을 기록한 것을 실측량 기록법이라고 하고 눈 대중량에 의한 추정량을 일기식으로 기록한 것을 추정량 기록법이라고 한다.

조사기간은 3일, 5일, 7일간이 적당하며 요일의 영향을 고려하여 평일과 주말이 골고루 포함되도록 조사 일을 배분하여야 한다. 이때 조사대상자는 스스로 기록할 수 있는 능력이 있어야 하며, 식품의 양을 정확하게 나타낼 수 있기 위해서는 수량에 대한 지식이 있어야 한다.

〈표 9-6〉 식사 기록법 또는 식사 일지법의 장점과 단점

장 점	단 점
- 회상법에 비해 정확하고 자세하게 음식물의 섭취량과 섭취시간을 알 수 있다.	- 읽고 쓰는 능력과 음식의 분량에 대한 지식이 필요하다. - 평상시 자신의 식사패턴에 영향을 미칠 수 있다. - 최소 3일 이상 작성해야 한다.

4) 검사실 검사에 의한 평가

(1) 영유아 건강검진 시기

영유아는 구강검진 3회를 포함한 영유아 건강검진을 총 7차례로 나누어 검사를 받는다. 이때 영유아 성장표에 따라 4차례로 나누고, 생후 4~6개월은 1차, 9~12개월까지는 2차, 18~24개월까지는 3차, 36~71개월까지는 4차로 나눌 수 있다.

영유아 건강검진은 어른들이 받는 성인 건강검진과 달리 혈액검사, 소변검사는 하지 않고 청각, 시각 발달 정도가 정상인지 영유아의 성장 발육에 초점을 둔 정서적인 발달과정이 제대로 이루어지고 있는지 체크한다.

(2) 검사실 검사

정기적인 검사실의 검사는 일반 혈액검사와 소변검사 정도를 실시하는 것이 적당하다.

① 일반혈액검사(WBC, RBC, Hb, HCT, MCV, VCH, MCHC, platelet)

일반혈액검사는 혈액을 채취해 우리 몸속에 있는 적혈구, 백혈구, 혈소판에 대한 정보를 파악해 건강지표를 분석하는 것을 말한다.

혈액(Blood)

사람의 혈액은 액체성인 혈장과 그 속에 부유하는 다양한 형태의 특수한 세포들(적혈구 · 백혈구 · 혈소판 등)로 구성되어 있다. 혈액은 우리 몸에 영양소와 산소를 공급하고 호르몬 등 필수적인 물질들을 운반한다. 또한 감염에 대해 방어하는 역할을 하며 몸에 쌓여 있던 노폐물을 운반한다.

적혈구(RBC)

도넛 모양의 붉은 혈액 세포로 산소운반을 하며, 정상 성인에서는 약 500만/mm^3 정도 존재한다. 적혈구 안에 있는 헤모글로빈(Hb)이라는 혈색소는 산소와 쉽게 결합하는 성질이 있어 혈액이 폐를 통과할 때 산소와 결합하여 신체의 여러 조직에 산소를 공급하고 조직에서 나온 노폐물과 이산화탄소를 폐로 운반한다.

적혈구가 부족하면 어지럽고 창백하며 허약, 무력감, 피로, 호흡곤란 등이 나타난다.

헤모글로빈의 정상수치는 나이에 따라 다르나 12～14g/dL 정도이고, 10g/dL 이하이면 빈혈이 있다고 생각한다.

백혈구(WBC)

백혈구는 감염으로부터 인체를 보호하고 암세포를 파괴하는 역할을 한다. 백혈구는 혈액 속에 4000～10000/mm^{3}이고, 호중구, 호산구, 호염기구, 림프구, 단핵구 5가지 종류로 분류된다. 각각 다른 기능으로 인체를 보호하지만 특히 호중구는 세균과 곰팡이를 잡아먹는 식작용과 삼킨 것을 소화 처리하는 기능이 있어 매우 중요하며 백혈구의 약 60%를 차지한다.

혈소판(Platelet)

혈소판은 혈액을 응고시킴으로 출혈을 예방하는 역할을 하고, 정상범위는 약 15만～35만/mm^{3}이다. 따라서 혈소판 수치가 낮으면 쉽게 멍이 들고 반점과 출혈(코피나 검은색 대변 등)이 생기며 출혈이 쉽게 멈추지 않는다.

혈액검사로 알 수 있는 질병으로는,

- 적혈구 관련 질환 : 빈혈, 철대사 및 철 결핍성 빈혈, 거대적모구성 빈혈, 용혈성 빈혈
- 지혈 및 혈전 관련 질환 : 혈소판 이상, 선천성 응고인자 이상 질환
- 파종성 혈관 내 응고증 및 관련 증후군 백혈구 관련 질환 : 림프절, 비장 및 단핵구 – 대식세포계 이상 질환, 조직구 증식증후군, 백혈병, 골수이형성 증후군 등이 있다.

〈표 9-7〉 혈액으로 알 수 있는 검사의 정상 수치

	백혈구(/mm³)	헤모글로빈(g/dl)	혈소판(/mm³)
정상 수치	4,000～10,000	12～14	15만～35만

〈표 9-8〉 일반화학검사

나트륨(Na)	135～145mmol/l	요산(Uric acid)	3.0～7.0mg/dl
칼륨(K)	3.5～5.5mmol/l	총빌리루빈(T-bili)	0.2～1.2mg/dl
마그네슘(Mg)	1.5～2.5mEq/l	간효소(SGOT/SGPT)	-40IU/L

② 소변검사

소변검사는 10개의 칸으로 나뉜 소변 스틱에 소변을 묻혀 색깔 변화를 관찰한다. 각각의 칸은 수소이온농도, 비중, 당 등을 확인할 수 있으며 이에 따라 의심되는 질병을 찾아낼 수 있다.

소변은 나오는 순서에 따라 초뇨, 중간뇨, 종말뇨로 나누는데 초뇨에는 잡균이 생길 수 있어서 중간뇨를 사용한다.

〈표 9-9〉 소변검사 스틱의 색깔변화와 질병

1번째칸	비중	- 소변에는 노폐물과 나트륨, 질소 등이 들어있어 물보다 비중이 높다. - 수치가 갑자기 증가하면 탈수와 당뇨병, 감소하면 세뇨관 손상이 원인이다. - 비중이 높아질수록 소변 스틱의 첫 번째 칸이 파란색에서 오렌지색으로 바뀐다.
2번째칸	pH (수소이온농도)	보통 소변의 pH(수소이온농도)는 4.6에서 8 사이. pH가 높으면 소변 스틱의 두 번째 칸이 녹색이 된다.
3번째칸	백혈구수치	백혈구 수치가 높으면 요도염이나 방광염, 신장염 등을 의심해야 한다. 문제가 있을 때 소변 스틱은 보라색으로 변한다.
4번째칸	아질산염 (요로세균감염)	아질산염이 검출돼 색깔이 변하면 요로가 세균에 감염됐다는 뜻이다.
5번째칸	단백질	신장에 이상이 생겨 단백질 양이 늘어나면 소변 스틱의 다섯 번째 칸이 노란색에서 어두운 녹색으로 변한다.

6번째칸	포도당	여섯 번째 칸의 노란색이 짙은 갈색으로 바뀌면 혈액 속의 포도당이 증가한 경우로, 당뇨병일 가능성이 높다. 심한 운동 후에도 수치가 높게 나올 수 있기 때문에 혈액검사로 확인해야 한다.
7번째칸	케톤체 (거품소변)	소변에 거품이 많으면 단백질 성분이 많다는 뜻이다. 일곱 번째 칸의 색깔이 짙은 보라색으로 변한다.
8번째칸	우로빌리노겐	간에서 만들어진 담즙에는 빌리루빈이라는 색소가 있다. 이 색소가 분해하면서 만들어지는 산물이 '우로빌리노겐'(urobilinogen)인데 소변으로 배설된다. 이를 검사하면 만성간염, 황달처럼 간과 신장의 이상으로 생기는 질병을 짐작할 수 있다. 소변 스틱 여덟 번째 칸이 빨갛게 변한다.
9번째칸	빌리루빈	소변 스틱 아홉 번째 칸이 붉은색으로 바뀌면 빌리루빈이 소변에서 나왔다는 뜻. 간세포가 손상됐거나 쓸개즙 분비가 막혔을 가능성이 있다.
10번째칸	잠혈(혈뇨)	신장에 병이 있거나 요로(오줌길)에 출혈이 생기면 소변이 붉어진다. 소변 스틱 열 번째 칸이 녹색으로 나타난다.

출처 : 한국건강관리협회.

(3) 빈혈검사

일반 혈액검사에 포함되어 있는 헤모글로빈, 헤마토크리트, 적혈구 지수 값으로 빈혈을 어느 정도 판정할 수 있지만 발생 원인에 따라 분류를 위해 망상적혈구수(적혈구의 파괴, 출혈, 용혈성 빈혈의 경우 증가하고 골수기능장애에 의한 빈혈 시 감소한다), 혈장성분(철분결핍을 진단), 트랜스페린포화율(체내에 저장된 철분을 검사하는 방법) 등의 검사를 수행하기도 한다.

(4) 영유아 종합검진(2~4세)

영유아들의 기본적인 성장과 발달 상황을 점검하는 것은 물론, 잠재하고 있을지도 모르는 질병요인들을 조기에 발견하고 치료할 수 있도록 해야 한다.

〈표 9-10〉 영유아 종합검진 내용

구 분	검사종목	검사내용
기 초	신장, 체중, 체질량지수, 진찰	
일반검사	일반혈액형검사(CBC)	백혈구수치, 헤모글로빈, 혈소판수치로 염증과 빈혈 여부를 알 수 있다.
	철분결핍성빈혈검사	혈중철분수치와 철분저장능력까지 정밀하게 평가한다.
	간 기능 검사	간염수치(AST, ALT)와 아기의 간 기능을 평가할 수 있다.
	신장 기능 검사	노폐물 여과기능 및 혈중 노폐물 축적 정도를 평가한다.
	혈당	저혈당, 어린이당뇨를 알 수 있다.
	칼슘, 인, 비타민 D	뼈성장과 관련된 항목을 평가한다.
	B형간염항원/ 항체	B형간염바이러스에 대한 면역력 형성 여부를 확인한다.
	혈액형검사	ABO 혈액형 및 Rh type 검사이다.
	소변검사	요로감염, 혈뇨, 단백뇨, 당뇨를 평가한다.
선택검사	PAT(부모양육태도검사)	아이들의 생활습관 형성과 관련된 부모의 양육태도를 평가한다.
	영상의학검사	일반흉부방사선촬영, 손목방사선촬영(뼈건강 상태 평가), 복부초음파

실제 9-1 신체검사놀이 활동계획안

생활주제	나와 가족	대상연령	만 4세
소주제	소중한 나의 몸과 마음	활동기간	5월 1주
활동명	신체검사놀이	활동영역	역할영역
누리과정 관련요소	• 예술경험 – 예술적 표현 – 극놀이로 표현하기 • 자연탐구 – 수학적 탐구 – 측정하기		
활동목표	• 신체검사를 했던 경험을 극놀이로 표현한다. • 신체 부위를 다양한 측정 도구를 이용해 측정해 본다.		
활동자료	줄자, 체중계, 신장계, 시력 검진표, 기록할 수 있는 종이, 사인펜, 유아들이 만든 간판, 신체검사화보, 의사가운, 간호사 옷		
활동방법	〈도 입〉 1. '키재기' 동시를 들려준다. 동시 : 키재기 쑥쑥 커서 / 천정 닿고 / 쑥쑥 커서 / 하늘 닿게 / 키야 키야 / 자라거라 어서 빨리 / 자라거라 출처 : 명지유치원(2005). 주제중심 통합 교육과정(3, 4세), 양서원. 〈전 개〉 2. 역할놀이 영역에 극놀이를 위해 준비해 온 여러 가지 신체검사 도구(줄자, 체중계, 신장계, 시력검사)를 탐색해 보면서 이야기 나눈다. • 이것은 무엇일까? • 이 도구에는 무엇이 있을까? • 무엇을 할 수 있을까? • 몸무게(키)를 재어보려면 어떤 도구를 사용해야 할까? • 여기 활동지에 키와 몸무게를 기록할 수 있단다. 3. 신체검사 놀이에 등장하는 사람늘 예상하고 역할을 정하여 놀이한다.		

활동방법	〈마무리〉 4. 느낀 점 이야기하기 -신체검사 놀이할 때 기분이 어땠니? -어떤 것이 가장 기억에 남았니?
확장활동	• 과학영역 : 측정도구 탐색활동을 해본다. • 미술영역 : 신체검사와 관련된 간판을 만들어서 게시한다.
유의사항	유아들이 신체검사를 받았던 사진들을 비치해 두어 유아들이 과거 경험을 회상할 수 있도록 돕는다.
가정연계	가족들과 함께 키 재기, 키 비교해 보기, 체중 재기 등을 가정에서 수시로 할 수 있다.

출처 : 고양시 육아종합지원센터.

실제 9-2 교재교구 제작방법 양식

1. 활동명 : 재보기
2. 대상연령 : 만 5세
3. 생활주제 : 동식물과 자연
4. 활동자료 : 하드보드지 4절, 색지, 펠트지, 시트지
5. 제작방법

〈동시판〉

① 하드보드지 4절 위에 색지로 감싼다.

② 동시를 인쇄를 하여 하드보드지에 붙인다. 동시판에 나무모양으로 만들어 붙이고 꾸민다.

③ 동시판을 시트지로 감싼다.

④ 펠트지를 이용해 기린, 하마, 코끼리를 만든다.

기린 – 몸을 펠트지로 감침질하여 만들고 나무막대기를 목에 넣고 기린의 머리를 붙여 기린 목을 뺐다 넣었다 할 수 있도록 한다.

하마 – 하마를 펠트지를 이용하여 만들고 하마의 입을 닫았다 열었다 할 수 있도록 한다.

코끼리 – 코끼리를 펠트지를 이용하여 만들고 코끼리 코가 움직일 수 있도록 한다.

〈동시〉

제목 : 재보기

나랑 키재기를 해보겠니?
기린이 목을 길게 늘였어요.
그럼 나랑 코재기를 해볼래?
코끼리가 푸우! 코를 불었어요.

그런 것 말고…….
하마가 하아암! 하품을 했어요.
나랑 입재기는 어때?

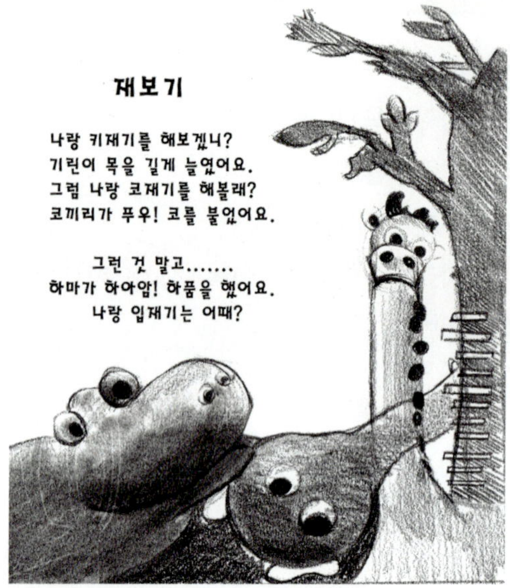

실제 9-3 아동 신체 발달 현황표

○○○어린이집/ 유치원/ ○○○반

번 호	아동명	1/4분기(년 월 일)				2/4분기(년 월 일)				3/4분기(년 월 일)				4/4분기(년 월 일)				비 고
		키	몸무게	가슴둘레	앉은키	키	몸무게	가슴둘레	앉은키	키	몸무게	가슴둘레	앉은키	키	몸무게	가슴둘레	앉은키	

개인별 신체 검사표

○○○어린이집/ 유치원/ ○○○반

<table>
<tr><th colspan="5">구 분</th><th>측 정 결 과</th></tr>
<tr><td rowspan="4">체격검사</td><td colspan="4">키(cm)</td><td></td></tr>
<tr><td colspan="4">몸무게(kg)</td><td></td></tr>
<tr><td colspan="4">가슴둘레(cm)</td><td></td></tr>
<tr><td colspan="4">앉은키(cm)</td><td></td></tr>
<tr><td rowspan="20">체질검사</td><td rowspan="6">눈</td><td rowspan="4">시력</td><td rowspan="2">나안</td><td>오른쪽</td><td></td></tr>
<tr><td>왼 쪽</td><td></td></tr>
<tr><td rowspan="2">교정</td><td>오른쪽</td><td></td></tr>
<tr><td>왼 쪽</td><td></td></tr>
<tr><td colspan="3">색 각</td><td></td></tr>
<tr><td colspan="3">눈 병</td><td></td></tr>
<tr><td rowspan="3">귀</td><td rowspan="2">청력</td><td colspan="2">오른쪽</td><td></td></tr>
<tr><td colspan="2">왼 쪽</td><td></td></tr>
<tr><td colspan="3">귓 병</td><td></td></tr>
<tr><td colspan="4">콧 병</td><td></td></tr>
<tr><td colspan="4">목 병</td><td></td></tr>
<tr><td colspan="4">피 부 병</td><td></td></tr>
<tr><td colspan="4">영 양 상 태</td><td></td></tr>
<tr><td colspan="4">척 추 상 태</td><td></td></tr>
<tr><td colspan="4">가 슴 통</td><td></td></tr>
<tr><td colspan="4">기 관 능 력</td><td></td></tr>
<tr><td colspan="4">정 신 장 애</td><td></td></tr>
<tr><td colspan="4">알레르기성 질환</td><td></td></tr>
<tr><td rowspan="3">검진의사</td><td colspan="4">종 합 의 견</td><td></td></tr>
<tr><td colspan="4">검 진 일 자</td><td></td></tr>
<tr><td colspan="4">성 명</td><td></td></tr>
</table>

CHAPTER 10

어린이집 평가인증지표의 건강과 영양 영역

1. 어린이집 평가인증지표의 기본 방향과 구성
2. 건강과 영양 영역의 어린이집 평가인증지표와 평가기준 해설

CHAPTER 10

어린이집 평가인증지표의 건강과 영양 영역

최근 무상보육정책에 따라 예산지원이 확대되고, 영유아가 안전한 환경에서 건강하게 양육되는 것에 관심이 증가하고 있다. 급속한 성장·발달이 이루어지는 영유아 시기에 필요한 균형 있는 영양과 위생적인 생활습관 및 어린이집의 보육서비스의 질적 수준을 높이고 보육교직원의 전문성이 증진되도록 도움을 줄 수 있는 어린이집 평가인증지표를 알아보고자 한다.

1 어린이집 평가인증지표의 기본 방향과 구성

어린이집 평가인증은 다음과 같은 목적을 가진다.

첫째, 보육서비스의 질적 수준을 향상시켜 영유아가 안전한 보육환경에서 건강하게 양육될 권리를 보장할 수 있도록 한다.

둘째, 어린이집 보육서비스의 질적 수준을 높이고자 준비하고 노력하는 과정을 통해 원장과 보육교직원의 전문성이 증진되도록 한다.

셋째, 보육서비스의 질적 수준에 대한 정보를 제공하여 부모들이 합리적으로 어린이집을 선택할 수 있도록 한다.

넷째, 보육정책 수립의 주체인 정부가 보육현장을 효율적으로 지원하고 관리하는 체계를 확립한다.

현장에서 보육의 질이 향상됨에 따라 어린이집 평가인증지표도 보다 높은 수준을 요구하도록 지속적으로 수정·보완하도록 한다.

1) 보육의 질

보육의 질은 영유아가 어린이집에서 직접 경험하는 보호와 교육의 발달적 적합성, 영유아의 건강한 발달과 안전을 위한 환경의 제공, 그리고 이를 지원할 수 있는 보육교직원의 전문성, 합리적 운영 체계, 가족 및 지역사회와의 협력을 의미한다.

2) 40인 이상 어린이집 평가 항목 중 건강과 영양 지표

〈표 10-1〉 40인 이상 어린이집 평가 항목 중 건강과 영양 지표

영 역	하위영역
영역 5. 건강과 영양(12항목)	가. 청결과 위생(8항목) 나. 질병관리(2항목) 다. 급식과 간식(2항목)

영역 5. 건강과 영양	
가. 청결과 위생	대 5-1. 실내 공간의 청결 대 5-2. 보육실의 환기, 채광, 조명, 온도관리 대 5-3. 놀잇감의 청결 대 5-4. 화장실과 세면장의 청결 대 5-5. 조리실 공간과 설비의 위생적 관리 대 5-6. 식자재, 조리 및 배식 과정의 위생적 관리 대 5-7. 영유아와 보육교사의 청결유지 대 5-8. 개별 침구의 사용과 관리
나. 질병관리	대 5-9. 아프거나 다친 영유아의 보호 대 5-10. 영유아와 보육교직원의 건강관리
다. 급식과 간식	대 5-11. 영유아를 위한 급식 대 5-12. 영유아를 위한 간식

3) 39인 이하 어린이집 평가 항목 중 건강과 영양 지표

〈표 10-2〉 39인 이하 어린이집 평가 항목 중 건강과 영양 지표

영 역	하위영역
영역 4. 건강과 영양(12항목)	가. 청결과 위생(8항목) 나. 질병관리(2항목) 다. 급식과 간식(2항목)

4) 장애아 전담 어린이집 평가 항목 중 건강과 영양 지표

〈표 10-3〉 장애아 전담 어린이집 평가 항목 중 건강과 영양 지표

영 역	하위영역
영역 4. 건강과 영양(13항목)	가. 청결과 위생(8항목) 나. 질병관리(3항목) 다. 급식과 간식(2항목)

2 건강과 영양 영역의 어린이집 평가인증지표와 평가기준 해설

영유아기는 급속한 성장·발달이 이루어지는 시기이므로 균형 있는 영양이 필요하며, 면역력이 약해 질병에 취약한 시기이다. 영유아에게 청결하고 위생적인 환경을 마련해 주고, 양질의 식사와 간식을 제공하는 것은 영유아의 건강 유지를 위해 매우 중요하다. 어린이집 실내 공간의 위생과 청결은 어릴 때부터 위생적인 생활습관을 기르는 데도 큰 역할을 할 수 있다. 보육교사는 집단생활에서 예상되는 감염에 의한 병에 대해 예방대책을 마련하고, 몸이 아픈 영유아에게 적절한 조치를 취해야 한다. 그리고 어린이집에서는 안전하고 다양한 식재료로 영양적 균형을 고려하여 조

리된 식단을 계획하고 제공함으로써 영유아의 성장을 도와주어야 한다.

이 영역에서는 청결과 위생, 질병관리, 급식과 간식에 초점을 두고 어린이집 내 각 공간의 청결과 위생, 영유아의 위생적 생활습관 지도, 몸이 아프거나 다친 영유아에 대한 적절한 대책 수립 여부, 영유아와 보육교직원의 건강관리, 그리고 영유아의 식사와 간식의 적절성 등을 평가한다.

1) 실내 공간의 청결

대 5-1	실내 공간의 청결
3	모든 실내 공간이 청결하다.
2	실내 공간 중 청결하지 못한 공간이 한두 군데 있다.
1	실내 공간 중 청결하지 못한 공간이 세 군데 이상 있다.

어린이집을 이용하는 영유아의 연령이 낮아지고, 어린이집을 이용하는 시간도 늘어나면서 영유아들이 단체로 생활하는 어린이집에서 개별 영유아가 건강하게 성장하려면 무엇보다 실내 공간이 청결하게 유지되어야 한다. 보육활동의 대부분이 실내에서 이루어짐을 감안할 때, 성인에 비해 질병에 대한 저항력이 약한 영유아들이 함께 생활하는 보육실은 물론 공유 공간(현관과 복도, 유희실, 교사실, 자료실, 식당 등)을 항상 깨끗하고 청결하게 관리하여 이들의 신체적인 건강을 유지하는 것은 매우 중요하다.

〈우수한 수준〉

이 항목에서 '우수한' 수준(3점)은 모든 실내 공간이 청결한 경우이다.

〈부분적으로 우수한 수준〉

이 항목에서 '부분적으로 우수한' 수준(2점)은 실내 공간 중 청결하지 못한 곳이 한두 군데 있는 경우이다.

- 보육실 중 한 반이라도 청결하지 못한 경우
  - 바닥이 먼지뭉치 등으로 인해 청결하지 않은 경우
  - 교구바구니가 먼지와 찌든 때 등으로 인해 청결하지 않은 경우
  - 천장과 벽면이 거미줄과 먼지 등으로 인해 청결하지 않은 경우
  - 창틀과 벽걸이형 선풍기가 먼지 등으로 인해 청결하지 않은 경우
- 유희실, 교사실, 자료실, 현관과 복도, 식당, 계단 등의 실내 공간 중 한 군데라도 청결하지 못한 경우
- 영유아들이 실내화를 실내외 구분 없이 신고 다니는 경우 등

〈미흡한 수준〉

이 항목에서 '미흡한' 수준(1점은) 실내 공간 중 청결하지 못한 곳이 세 군데 이상 있거나, 해충이 발견되는 경우이다.

대 5-1 실내 공간의 청결

2) 보육실의 환기, 채광, 조명, 온도관리

대 5-2	보육실의 환기, 채광, 조명, 온도관리
3	보육실의 환기, 채광, 조명, 온도가 적절하게 유지되고 있다.
2	보육실의 환기, 채광, 조명, 온도 조절 중 미흡한 부분이 한두 가지 있다.
1	보육실의 환기, 채광, 조명, 온도 조절 중 미흡한 부분이 세 가지 이상 있다.

영유아들이 공동으로 생활하는 어린이집에서는 영유아가 쉽게 걸릴 수 있는 질병을 예방하고, 영유아의 건강과 긍정적인 정서발달을 위하여 보육실의 환기, 채광, 조명, 온도를 전반적으로 적정하게 유지하여야 한다. 보육실에는 자연채광이 충분하여야 하며, 감기와 같은 호흡기 질환을 예방하기 위해서 보육교사는 항상 신선한 공기가 유입될 수 있도록 자주 창문을 열어 환기를 해야 한다. 특히 겨울철에 보육실 창문을 자주 열지 않아 환기가 되지 않는 곳에서 영유가 지내는 일이 없도록 해야 한다. 연면적 430m^2 이상의 어린이집은 「다중이용시설 등의 실내공기질관리법」을 준수하는 것이 바람직하다. 또한 환절기, 여름철, 겨울철 등 계절에 맞게 실내 온도를 적정하게 유지하여 영유아가 쾌적한 환경에서 건강하게 생활할 수 있도록 세심한 주의를 기울이는 것이 중요하다.

〈우수한 수준〉

이 항목에서 '우수한' 수준(3점)은 모든 보육실에서 환기, 채광, 조명, 온도가 모두 적정하게 유지되고 있는 경우이다. 실내 환기를 자주 하여 보육실에 탁한 공기가 느껴지지 않으며, 필요한 곳에 조명시설이 잘 갖추어져 있고, 날씨와 계절에 맞는 적정 온도를 유지하고 있으며, 필요한 경우에는 보조기기 등을 설치하여 사용하고 있는 경우이다. 또한 영유아가 사용하는 보육실외 공유 공간(㉎ 유희실 등)의 환기, 채광, 조명, 온도도 적정하게 유지되고 있다.

〈부분적으로 우수한 수준〉

이 항목에서 '부분적으로 우수한' 수준(2점)은 보육실이나 공유공간에서 환기, 채광, 조명, 온도 조절 중 미흡한 부분이 한두 가지 있는 경우이다.

- 실내 환기가 잘 이루어지지 않아 공기가 탁한 경우
- 썬팅지(한지), 커튼(블라인드) 등이 창문을 절반 이상 가리고 있어 자연채광이 미흡한 경우
- 필요한 영역에 조명시설이 갖추어져 있지 않은 경우
- 조명시설이 설치되어 있으나 고장으로 작동하지 않는 경우
- 날씨와 계절에 맞는 온도 조절이 잘 되지 않아 너무 춥거나 더운 경우 등

〈미흡한 수준〉

이 항목에서 '미흡한' 수준(1점)은 보육실이나 공유공간에서 환기, 채광, 조명, 온도 조절 중 미흡한 부분이 세 가지 이상 있는 경우이다.

대 5-2 보육실의 환기, 채광, 조명, 온도관리

3) 놀잇감의 청결

대 5-3	놀잇감의 청결
3	놀잇감이 전반적으로 청결하다.
2	놀잇감 일부가 청결하지 않다.
1	놀잇감 대부분이 청결하지 않다.

어린이집에서 영유아가 공동으로 사용하는 놀잇감의 청결유지는 영유아의 건강을 위해 반드시 지켜야 할 사항이다. 보육실에서 영유아가 공동으로 사용하는 놀잇감을 자주 세척하지 않고 정기적으로 소독해 주지 않으면 진드기나 감염성 세균 등이 번식해 자칫 영유아의 건강을 해칠 수 있으므로 놀잇감을 항상 청결하게 관리하여 보육실의 놀이환경이 위생적으로 유지될 수 있도록 한다.

〈우수한 수준〉

이 항목에서 '우수한' 수준(3점)은 놀잇감이 전반적으로 청결하게 유지되고 있는 경우이다.

〈부분적으로 우수한 수준〉

이 항목에서 '부분적으로 우수한' 수준(2점)은 놀잇감의 일부가 청결하지 않은 경우이다.

- 놀잇감이 더럽거나 찌든 때가 보이는 경우
- 녹이 슬어 관리가 되지 않은 경우
- 입에 넣고 빨기 쉬운 놀잇감이나 리코더, 멜로디언 등 입에 직접 닿는 놀잇감을 세척하지 않고 사용하는 경우 등

〈미흡한 수준〉

이 항목에서 '미흡한' 수준(1점)은 놀잇감 대부분이 청결하지 않은 경우이다.

- 보육실 놀잇감 중 한 반이라도 절반 이상이 청결하지 않은 경우
- 유희실에 있는 놀잇감 중 절반 이상이 청결하지 않은 경우
- 놀이터에 있는 놀잇감 중 절반 이상이 청결하지 않은 경우 등

대 5-3 놀잇감의 청결

4) 화장실과 세면장의 청결

대 5-4	화장실과 세면장의 청결
3	화장실과 세면장이 전반적으로 청결하고, 비품이 잘 갖추어져 있다.
2	화장실과 세면장의 청결상태나 비품 구비가 미흡하다.
1	화장실과 세면장이 청결하지 않거나, 비품이 갖추어져 있지 않다.

실내외 놀이 활동 및 식사 전후에 손을 씻는 세면장은 영유아가 빈번하게 이용하는 곳이므로 항상 청결한 상태를 유지하도록 해야 한다. 화장실 역시 영유아가 자주 사용하는 곳으로, 변기사용 후 신속하게 뒤처리가 되지 않으면 악취가 나고 오물로 인해 세균이 번식하여 질병이 발생할 수 있으므로 항상 위생적으로 관리해야 한다. 세면장과 화장실에는 빈번하게 물을 사용함으로써 습기가 발생하여 세균 번식을 일으켜 영유아의 건강상 위해한 영향을 미칠 수 있으므로 항상 건조하고 쾌적한 상태를 유지하는 것이 필요하다. 또한 세면장과 화장실에는 필요한 비품이 잘 갖추어져 있어야 한다.

〈우수한 수준〉

이 항목에서 '우수한' 수준(3점)은 화장실과 세면장이 전반적으로 청결하게 유지되고 있으며, 필요한 비품이 항상 비치되어 있는 경우이다. 또한 영아의 기저귀 가는 공간(기저귀 갈이대 및 이동식 변기)과 세정 공간이 청결하게 유지되고, 사용한 물품이 청결하게 즉시 처리되고 있으며, 필요한 비품이 항상 갖추어져 있는 경우가 우수한 수준에 해당한다.

〈부분적으로 우수한 수준〉

이 항목에서 '부분적으로 우수한' 수준(2점)은 화장실과 세면장이 청결상태나 비품 구비가 일부 미흡한 경우이다. 또한 영아의 기저귀 가는 공간(기저귀 갈이대 및 이동식 변기)과 세정 공간의 청결 상태나 비품 구비가 일부 미흡한 경우도 이에 해당된다.

- 화장실과 세면장의 청결상태가 일부 미흡한 경우
  - 화장실과 세면장이 일부 청결하지 못한 경우
  - 화장실과 세면장의 바닥이 젖어 있는 경우가 하루 중 절반 미만으로 가끔 있는 경우
  - 젖은 수건이 반나절 이상 교체되지 않는 경우
  - 하수구 냄새나 나프탈렌, 소독액 등의 냄새가 많이 나는 경우
  - 화장실의 환기가 이루어지지 않아 냄새가 많이 나는 경우
  - 휴지가 넘치는데도 휴지통을 비우지 않은 경우 등
- 영아의 기저귀 가는 공간(기저귀 갈이대 및 이동식 변기)과 세정공간의 청결 상태가 일부 미흡한 경우
  - 사용한 후에 기저귀 갈이대를 닦지 않는 경우가 하루 중 절반 미만으로 가끔 있는 경우
  - 사용한 후에 기저귀 갈이대를 닦지 않고 소독액만 뿌려 사용하는 경우
  - 사용한 기저귀나 위생용품을 즉시 처리하지 않고 방치하는 경우가 하루 중 절반 미만으로 가끔 있는 경우
  - 보육실 내 이동식 변기의 오물(대·소변 등)을 방치하는 경우가 하루 중 절반 미만으로 가끔 있는 경우 등
- 비품 구비가 일부 미흡한 경우
  - 필요한 비품 중 한두 가지가 갖추어져 있지 않은 경우
  - 기저귀 가는 영아반 보육실의 휴지통에 뚜껑이 없는 경우 등

〈미흡한 수준〉

이 항목에서 '미흡한' 수준(1점)은 화장실과 세면장이 청결하지 않거나 없는 경우, 또는 필요한 비품이 갖추어져 있지 않은 경우이다. 또한 영아의 기저귀 가는 공간(기저귀 갈이대 및 이동식 변기)과 세정 공간이 청결하지 않거나 없는 경우, 또는 필요한

비품이 갖추어져 있지 않은 경우도 이에 해당한다.

- 화장실과 세면장이 청결하지 않거나 없는 경우
  - 화장실과 세면장의 바닥이 젖어 있는 경우가 하루 중 절반 이상인 경우
  - 화장실과 세면장이 대부분 청결하지 못한 경우
  - 어린이집 인가 공간 내에 화장실이나 세면장이 없는 경우 등
- 영아의 기저귀 가는 공간(기저귀 갈이대 및 이동식 변기)과 세정공간이 청결하지 않거나 없는 경우
  - 사용한 기저귀 갈이대를 닦지 않는 경우가 하루 중 절반 이상인 경우
  - 사용한 기저귀나 위생용품을 즉시 처리하지 않고 방치하는 경우가 하루 중 절반 이상으로 자주 있는 경우
  - 보육실 내 이동식 변기의 오물(대·소변 등)을 방치하는 경우가 하루 중 절반 이상으로 자주 있는 경우
  - 영아의 기저귀 가는 공간(기저귀 갈이대 및 이동식 변기)이 없는 경우
  - 놀이매트나 이불 위에서 기저귀 갈이를 하는 경우 등

대 5-4 화장실과 세면장의 청결

5) 조리실 공간과 설비의 위생적 관리

대 5-5	조리실 공간과 설비의 위생적 관리
3	조리실의 공간과 설비 및 비품이 청결하고 위생적이다.
2	조리실의 공간과 설비 및 비품의 청결상태에 미흡한 부분이 한두 가지 있다.
1	조리실의 공간과 설비 및 비품의 청결상태에 미흡한 부분이 세 가지 이상 있다.

조리실은 영유아의 식사와 간식이 준비되는 곳이므로 청결하고 위생적으로 관리하여 식중독과 질병을 예방할 수 있어야 한다. 조리실은 매일 청소와 소독을 하고 자주 환기하는 등 쾌적하고 청결한 환경을 유지해야 한다.

냉장고와 개수대, 조리대, 조리실 비품과 식기류 등 또한 청결하고 위생적으로 관리하여야 한다. 특히 영유아가 사용하는 물컵이나 우유병 등을 먼지나 습기가 없는 곳에 청결하게 보관하고 위생적으로 관리하여 영유아들이 감염병(예 배탈, 설사, 구내염 등)에 감염되지 않도록 세심한 주의를 기울여야 한다.

〈우수한 수준〉

이 항목에서 '우수한' 수준(3점)은 조리실 공간과 설비 및 비품(영유아용 물컵, 우유병 포함)이 청결하고 위생적인 경우이다.

〈부분적으로 우수한 수준〉

이 항목에서 '부분적으로 우수한' 수준(2점)은 조리실 공간과 설비 및 비품(영유아용 물컵, 우유병 포함)의 청결과 위생관리에서 한두 가지 정도 미흡한 경우이다.

- 조리실 공간(바닥, 벽, 천장, 환기)의 청결이 미흡한 경우
- 개수대 및 바닥 하수구(조리대, 싱크대, 식기수납장 등 포함)의 청결이 미흡한 경우
- 가스레인지, 후드, 환풍기의 청결이 미흡한 경우
- 냉장고, 전자레인지, 전기밥솥 등 주방가전의 청결이 미흡한 경우
- 조리실 비품(조리도구, 행주 등)의 청결이 미흡한 경우

- 식기류(접시, 식판, 수저 등)의 청결이 미흡한 경우
- 영유아용 물컵 및 우유병의 청결이 미흡한 경우 등
- 물컵을 사용 전후 구분 없이 재사용하는 경우 등

〈미흡한 수준〉

이 항목에서 '미흡한' 수준(1점)은 조리실 공간과 설비 및 비품의 청결과 위생관리에서 세 가지 이상이 미흡한 경우이다. 또한 어린이집의 인가 공간 내에 조리실이 없거나 관찰이 불가능한 경우도 이에 해당한다.

대 5-5 조리실의 공간과 설비의 위생적 관리

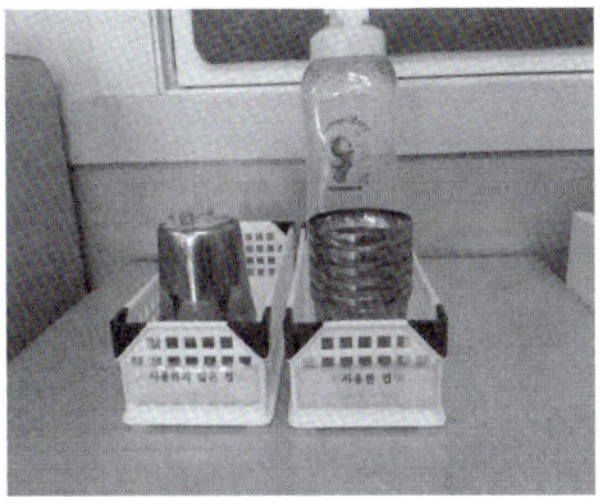

6) 식자재, 조리 및 배식 과정의 위생적 관리

대 5-6	식자재, 조리 및 배식 과정의 위생적 관리
3	식자래, 조리 및 배식 과정이 위생적으로 관리되고 있다.
2	식자재, 조리 및 배식 과정에 미흡한 부분이 한두 가지 있다.
1	식자재, 조리 및 배식 과정에 미흡한 부분이 세 가지 이상 있다.

어린이집에서 제공되는 급・간식은 어린이집 내에서 직접 조리하여 공급하는 것을 원칙으로 한다. 특히 영유아가 섭취하는 급・간식의 식자재를 위생적으로 관리하는 것은 이들의 건강 유지를 위해 매우 중요하다. 모든 식자재는 반드시 신선한 것을

구입하여 유통기한 내 사용하며, 식자재 보관 요령을 준수하여 그에 맞는 적절한 장소에 보관하여야 한다. 조리 과정과 배식 과정 모두 위생적으로 이루어져야 단체급식에서 발생할 수 있는 문제(식중독 등)를 사전에 예방할 수 있으며, 영유아의 신체적 성장과 건강 유지가 가능하다. 어린이집에서는 영유아들이 원할 때 언제나 물을 마실 수 있도록 이용하기 쉬운 곳에 마실 물을 준비해 두어야 한다. 모유나 우유를 관리하는 과정도 위생적으로 이루어져야 한다.

〈우수한 수준〉

이 항목에서 '우수한' 수준(3점)은 식자재(식수, 모유, 우유 포함), 조리 및 배식 과정이 위생적으로 관리되고 있는 경우이다.

〈부분적으로 우수한 수준〉

이 항목에서 '부분적으로 우수한' 수준(2점)은 식자재(식수, 모유, 우유 포함)나 조리 및 배식 과정에서 한두 가지가 미흡한 경우이다.

- 냉장고에 별도의 덮개 없이 음식물이 보관되어 있는 경우
- 영유아들이 손쉽게 마실 수 있도록 물이 준비되어 있지 않은 경우
- 우유를 실온에서 보관하는 경우
- 먹다 남은 분유를 다시 먹이는 경우
- 음식을 조리하는 과정에서 앞치마나 머릿수건을 하지 않은 경우
- 하나의 식기도구로 여러 가지 음식을 배식하는 경우
- 청결하지 않은 손이나 맨손으로 음식을 배식하는 경우
- 영유아들의 급·간식 전에 식탁을 닦지 않는 경우
- 음식물을 보육실 바닥에 그냥 내려놓는 경우
- 개별 식기를 사용하지 않고 하나의 음식을 한 그릇에 담아 여러 명이 함께 먹는 경우

- 영아들이 사용하던 숟가락을 교실 바닥에 떨어뜨렸으나 씻거나 교체해 주지 않고 계속 사용하게 하는 경우 등

〈미흡한 수준〉

이 항목에서 '미흡한' 수준(1점)은 식자재(식수, 모유, 우유 포함)나 조리 및 배식 과정에서 세 가지 이상 미흡하거나, 유통기한이 지난 음식 및 재료가 있는 경우이다. 또한 썩었거나 곰팡이가 있는 등 상태가 변질된 식자재가 있는 경우, 또는 어린이집 인가 공간 내에 조리실이 없거나(사용하지 않는 경우 포함) 식자재나 조리 과정을 확인할 수 없는 경우도 이에 해당한다.

대 5-6 식자재, 조리 및 배식 과정의 위생적 관리

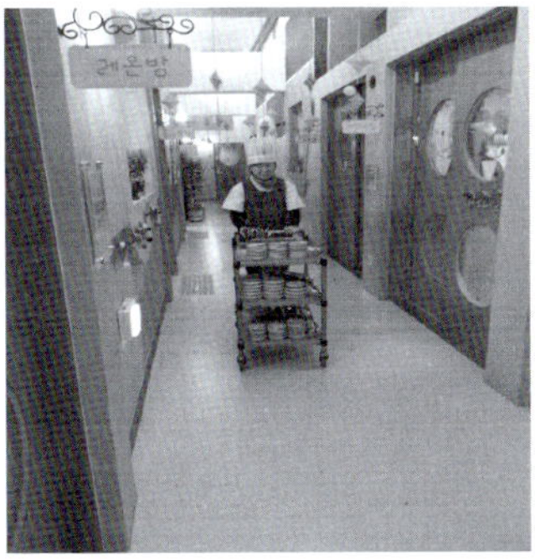

7) 영유아와 보육교사의 청결유지

대 5-7	영유아와 보육교사의 청결유지
3	영유아와 보육교사는 손 씻기와 이 닦기를 통해 위생과 청결유지를 한다.
2	영유아와 보육교사가 손 씻기와 이 닦기를 하지 못하는 경우가 가끔 있나.
1	영유아와 보육교사가 손 씻기와 이 닦기를 하지 못하는 경우가 대부분이다.

어린이집에서 영유아들은 자주 손을 씻음으로써 식중독, 감기 등 각종 감염병을 예방할 수 있다. 영유아의 손은 어린이집에서 공동으로 사용하는 놀잇감이나 실외놀이를 통해 먼지와 세균에 오염되기 쉽다. 따라서 화장실 사용 후, 식사와 간식 전, 실외활동 후 등에 자주 손을 씻는 것은 영유아가 청결하고 건강한 생활을 유지하는 데 꼭 필요하다. 또한 일과 중에 보육교사도 영유아와 함께 자주 손을 씻어 영유아를 위생적으로 보살피고, 모범을 보여줌으로써 영유아들이 청결한 생활습관을 형성하도록 지도해야 한다. 또한 영유아와 보육교사는 점심식사 이후 반드시 이 닦기를 하여 충치를 예방하고 청결한 생활 습관을 형성할 수 있도록 한다. 보육교사는 올바른 이 닦기 방법을 영유아에게 지도하는 것이 바람직하며, 영유아가 사용하는 칫솔도 세균이 감염되거나 번식하지 않도록 위생적으로 관리하는 것이 중요하다.

〈우수한 수준〉

이 항목에서 '우수한' 수준(3점)은 보육교사와 영유아 모두 배변(지도) 후, 식사와 간식 시간 전, 실외활동 후 등 필요한 때에 반드시 손을 씻으며, 식사 후에 모든 영유아가 이를 닦는 경우이다.

〈부분적으로 우수한 수준〉

이 항목에서 '부분적으로 우수한' 수준(2점)은 보육교사와 영유아가 손 씻기와 이 닦기를 하지 못하는 때가 가끔 있는 경우다.

- 보육교사가 반드시 손을 씻어야 할 때 씻지 않는 경우가 하루 중 절반 미만인 경우
  - 일회용 비닐장갑을 매번 교체하여 사용한 후 마지막에 손을 씻지 않은 경우 등
  - 손 세정제(소독제)를 매번 사용한 후 마지막에 손을 씻지 않은 경우 등
- 영유아가 반드시 손을 씻어야 할 때 씻지 않은 경우가 하루 중 절반 미만인 경우
  - 점심식사 전에 영유아가 모두 손을 씻지 않은 경우 등
- 영유아가 이 닦기를 하지 않는 경우가 영유아의 절반 미만인 경우 등

〈미흡한 수준〉

이 항목에서 '미흡한' 수준(1점)은 영유아와 보육교사가 손 씻기와 이 닦기를 하지 못하는 경우가 대부분인 경우이다.

- 보육교사가 반드시 손을 씻어야 할 때 씻지 않는 경우가 하루 중 절반 이상인 경우
- 영유아가 반드시 손을 씻어야 할 때 씻지 않는 경우가 하루 중 절반 이상인 경우
- 영유아가 이 닦기를 하지 않는 경우가 영유아의 절반 이상인 경우
- 손 씻기와 이 닦기에 대한 지도가 전혀 이루어지지 않는 경우 등

대 5-7 영유아와 보육교사의 청결유지

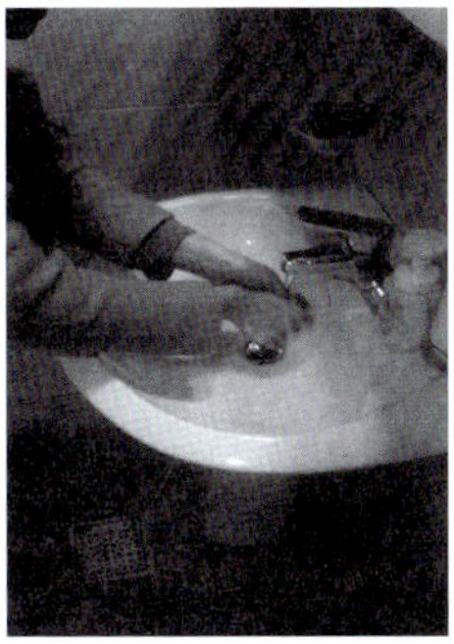

8) 개별 침구의 사용과 관리

대 5-8	개별 침구의 사용과 관리
3	영유아는 개별 침구를 사용하고 있으며, 침구 등을 자주 세탁하여 항상 청결한 상태를 유지하고 있다.
2	영유아가 개별 침구를 사용하고 있으나, 전반적으로 침구의 청결상태가 미흡하다.
1	영유아가 공동 침구를 사용하고 있다.

잠자리 위생은 영유아의 건강과 직결된다. 영유아가 침구를 공동으로 사용할 경우 서로 감염성 균을 주고받을 수 있으므로 영유아는 각기 자신의 개별 침구(베개와 이불)를 사용하는 것이 바람직하다. 각 침구의 모양이 다를 경우에는 굳이 이름을 써 놓을 필요는 없으나, 어린이집에서 단체로 맞춘 침구는 개별 영유아가 각각 자기 침구를 사용할 수 있도록 별도 표시를 하는 등 구분되어 있어야 한다. 개별 침구 세탁은 가정 또는 어린이집에서 이루어질 수 있으며, 부모가 가정에서 세탁하는 경우, 보육교사는 청결상태를 주기적으로 확인하는 것이 필요하다.

〈우수한 수준〉

이 항목에서 '우수한' 수준(3점)은 영유아가 개별 침구를 사용하고, 각 침구가 청결한 경우이다.

〈부분적으로 우수한 수준〉

이 항목에서 '부분적으로 우수한' 수준(2점)은 영유아가 개별 침구를 사용하나, 침구의 청결상태가 미흡한 경우이다.

- 개별 침구에 오물 등이 묻어 있어 지저분한 경우
- 침구 보관장에 먼지가 많은 경우
- 침구 보관장에 침구와 다른 물건들을 함께 보관하여 침구가 오염되는 경우
- 놀이매트를 그대로 요로 사용하는 경우 등

〈미흡한 수준〉

이 항목에서 '미흡한' 수준(1점)은 모든 영유아의 개별 침구가 마련되어 있지 않아 공동 침구(베개나 이불)를 함께 사용하고 있는 경우이다. 또한 낮잠을 자지 않는 영유아에 대한 여분의 침구가 없는 경우도 이에 해당한다.

- 개별 구분 없이 침구를 사용하는 경우
- 공동 요를 사용하면서 베개를 사용하지 않는 경우

• 이불을 여러 명이 함께 덮는 경우
• 여분의 침구를 사용 후 바로 세탁하지 않고 다른 영유아가 사용하는 경우 등

대 5-8 개별 침구의 사용과 관리

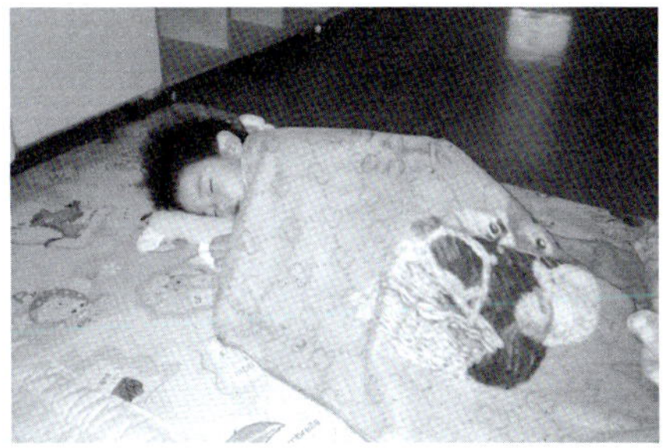

9) 아프거나 다친 영유아의 보호

대 5-9	아프거나 다친 영유아의 보호
3	아프거나 다친 영유아를 위한 적절하고 구체적인 절차가 마련되어 있고, 이를 일관되게 시행한다.
2	아프거나 다친 영유아를 위한 절차가 구체적이지 않거나, 이를 일관성 있게 시행하지 않는다.
1	아프거나 다친 영유아를 위한 절차가 구체적이지 않고, 이를 일관성 있게 시행하지 않는다.

영유아들이 어린이집에서 장시간 생활하다 보면 아프거나 다치는 경우가 간혹 발생할 수 있다.

영유아가 아픈 경우에는 일상적인 활동에 활발하게 참여하지 못하게 되는데, 이때 어린이집에서는 영유아를 양호실이나 조용한 곳에 격리시켜 보호하면서 안정을 취할 수 있도록 돌보아 주어야 한다. 또한 응급처리가 필요한 위급한 사태가 발생한 경우에도 미리 준비된 절차에 따라 신속하게 이송 조치를 취하는 것은 영유아의 안전을 위해 매우 중요한 일이다.

〈우수한 수준〉

이 항목에서 '우수한' 수준(3점)은 아프거나 다친 영유아를 위한 적절하고 구체적인 절차가 문서로 마련되어 있고, 이를 일관되게 시행하는 경우이다. 즉, 아픈 영유아에 대한 어린이집의 방침(예 응급처치동의서, 투약의뢰서 등)이 구체적으로 명시되어 보육교사가 신속하고, 적절하게 시행하고 있으며, 사용(유효)기한이 명시된 비상약품을 구비하여 잘 관리하고 있는 경우이다.

〈부분적으로 우수한 수준〉

이 항목에서 '부분적으로 우수한' 수준(2점)은 아프거나 다친 영유아를 위한 절차의 내용이 구체적이지 않거나 이를 일관성 있게 시행하지 않는 경우이다.

- 아프거나 다친 영유아를 위한 절차의 내용이 구체적이지 않은 경우
  - 아프거나 다친 영유아에 대한 어린이집의 방침(예 응급처치동의서, 투약의뢰서)의 필수기재사항 중 누락된 내용이 있는 경우 등
- 아프거나 다친 영유아를 위한 절차가 있으나, 일관성 있게 시행하지 않는 경우
  - 투약의뢰서를 작성하지 않고 투약하는 경우
  - 냉장보관용 약을 실온에 보관하는 경우
  - 일부 영유아의 응급처치동의서가 누락된 경우 등

〈미흡한 수준〉

이 항목에서 '미흡한' 수준(1점)은 아프거나 다친 영유아를 위한 절차가 구체적이지 않고, 이를 일관성 있게 시행하지 않는 경우이다. 또한 어린이집에 비상약품이 구비되지 않았거나, 구비되어 있다 하더라도 제대로 관리되지 않는 경우가 이에 해당한다.

대 5-9 아프거나 다친 영유아의 보호

- 아프거나 다친 영유아를 위한 절차가 구체적이지 않고, 이를 일관성 있게 시행하지 않는 경우
  - 아프거나 다친 영유아에 대한 어린이집의 방침(예 응급처치동의서, 투약의뢰서)의 필수기재사항 중 누락된 내용이 있어 구체적이지 않고, 투약의뢰서를 작성하지 않고 약을 먹이는 등 일관성 있게 시행하지 않는 경우
  - 아프거나 다친 영유아를 위한 절차가 없는 경우
  - 투약의뢰서가 문서화되어 있지 않은 경우
  - 응급처치동의서가 문서화되어 있지 않은 경우
  - 응급처치동의서가 영유아의 절반 이상 누락된 경우 등
- 어린이집에 비상약품이 구비되어 있지 않거나 제대로 관리되지 않는 경우
  - 사용(유효)기한이 지난 약품이 하나라도 있는 경우
  - 사용(유효)기한이 명시되지 않은 약품이 하나라도 있는 경우
  - 무허가 약품이 하나라도 있는 경우 등

10) 영유아와 보육교직원의 건강관리

대 5-10	영유아와 보육교직원의 건강관리
3	감염병의 예방과 관리를 위한 구체적인 대책이 마련되어 있으며, 영유아와 보육교직원의 건강관리가 체계적으로 이루어지고 있다.
2	감염병의 예방 및 관리대책이나, 영유아와 보육교직원의 체계적인 건강관리가 미흡하다.
1	감염병의 예방 및 관리대책이 마련되어 있지 않거나, 영유아와 보육교직원의 체계적인 건강관리가 거의 이루어지지 않는다.

영유아기는 전염병에 대한 면역이 약한 시기로 어린이집 보육교직원과 영유아가 감염병에 걸릴 경우 이를 다른 영유아에게 쉽게 감염시킬 수 있다. 어린이집에서는 전염성 질환의 예방과 관리를 위한 대책을 수립하여 시행함으로써 모든 영유아가 건강하게 생활할 수 있도록 도와주어야 한다.

〈우수한 수준〉

이 항목에서 '우수한' 수준(3점)은 영유아에게 자주 발생하는 감염병에 대한 예방과 관리대책을 구체적으로 마련하여 부모에게 공지하고 있으며, 모든 영유아와 보육교직원에 대한 건강관리가 체계적으로 이루어지고 있는 경우이다.

〈부분적으로 우수한 수준〉

이 항목에서 '부분적으로 우수한' 수준(2점)은 감염병의 예방 및 관리대책이나 영유아와 보육교직원의 체계적인 건강관리가 일부 미흡한 경우이다.

- 감염병의 예방 및 관리대책이 일부 미흡한 경우
  - 감염병의 예방 및 관리대책이 문서로 마련되어 있으나 그 내용이 미흡하여 보육교직원과 부모가 이를 실천하기 어려운 경우
  - 마련된 대책을 보호자에게 알리지 않는 경우 등
- 영유아와 보육교직원의 체계적인 건강관리가 일부 미흡한 경우
  - 일부 보육교직원이 건강검진을 받지 않았거나 관련 서류가 누락된 경우
  - 건강검진 서류가 전체 영유아의 절반 미만으로 누락된 경우

〈미흡한 수준〉

이 항목에서 '미흡한' 수준(1점)은 감염병의 예방 및 관리대책이 마련되어 있지 않거나 영유아와 보육교직원의 체계적인 건강관리가 거의 이루어지지 않는 경우이다.

- 감염병의 예방 및 관리대책이 문서화되어 있지 않은 경우
- 건강검진 서류가 전체 영유아의 절반 이상으로 누락된 경우 등

대 5-10 영유아와 보육교직원의 건강관리

채용신체검사서

제 호

성명 Name		생년월일 Date of Birth		사진 (3cm× 4cm)
근무처 Employment Place		전화번호 Phone Number		

2

검사내용					
신장	cm		체중	kg	
흉위	cm		혈압		
(교정)시력	좌:( )	색신		(교정)청력	좌:( )
	우:( )	(색각)			우:( )
안질환			이비인후질환		
치아			호흡기질환		
간질환			신경질환		
소화기질환			피부질환		
순환기질환			정신질환		
비뇨기질환			혈청검사(매독)		
흉부X선 검사			기타(HIV 검사)		

마약검사									
필로폰		코카인		아편		대마		기타	

위와 같이 검사하였습니다.

년 월 일

검사자(담당의사) (인)

검사결과 합격여부	□ 합격 □ 불합격 □ 판정보류	불합격 또는 합격 사유	
판정보류 사유 및 정밀검사 필요 여부	* 필요시 소견서 별도 첨부		

「공무원 채용신체검사 규정」에 따라 위와 같이 판정하였음을 증명합니다.

년 월 일

의료기관의 장 (인)

11) 영유아를 위한 급식

대 5-11	영유아를 위한 급식
3	영유아를 위한 급식이 영양적 균형과 발달 단계에 적절하고, 식단에 따라 적절한 형태로 조리되어 제공된다.
2	영유아를 위한 급식이 영양적 균형과 발달 단계에 적절하지 않거나, 식품의 조리 형태가 미흡하다.
1	영유아를 위한 급식이 영양적 균형과 발달 단계에 적절하지 않고, 식품의 조리 형태도 미흡하다.

영양학적으로 균형 있는 식사는 영유아의 건강과 신체 발달에 중요한 역할을 한다. 그러므로 어린이집에서는 성장기 영유아의 발달 단계와 영양적 요구를 고려하여 체계적으로 수립된 급·간식계획에 따라 양질의 식사를 제공해야 한다. 이는 영유아의 편식을 방지하고, 변화 있는 다양한 식단으로 식욕을 돋우며, 균형 잡힌 식사를 할 수 있도록 도와줌으로써 영유아의 정상적인 신체 발달에 중요한 영향을 미친다. 급식은 정상적인 발달에 필요한 영양을 섭취할 수 있도록 영양사가 작성한 식단에 의하여 공급하되, 영유아 100인 미만을 보육하는 기관의 경우에는 인근 육아종합지원센터, 보건소, 급식관리 지원센터 등의 영양사 지도를 받아 식단을 작성하는 것이 바람직하다.

〈우수한 수준〉

이 항목에서 '우수한' 수준(3점)은 식단이 영양적 균형을 이루고, 다양한 형태로 조리되는 경우이다. 급식 계획에 따라 영양상 균형을 고려한 양질의 식품이 제공되며, 식품과 조리방법이 다양하다. 또한 급식(이유식, 수유 포함) 계획과 제공에 관한 기록이 잘 갖추어져 있다.

〈부분적으로 우수한 수준〉

이 항목에서 '부분적으로 우수한' 수준(2점)은 영유아를 위한 급식이 영양적 균형과 발달 단계에 적절하지 않거나, 식품의 조리형태에 미흡한 부분이 있는 경우이다. 또한 급식의 계획이나 제공에 관한 기록이 일부 미흡한 경우이다.

- 식품의 조리형태에 미흡한 부분이 있는 경우
  - 음식 조리형태가 발달 단계에 적합하지 않은 경우
  - 다양한 조리방법이 사용되지 않는 경우 등
- 급식의 계획과 제공에 관한 기록이 일부 미흡한 경우
  - 계획된 식단대로 급식이 제공되지 않은 경우가 절반 미만으로 가끔 있는 경우
  - 급식 제공 관련 기록이 절반 미만으로 일부 기간 누락된 경우

– 토요일에 어린이집을 운영하나 급식 계획 또는 제공 기록이 없는 경우
– 이유식 먹는 월령의 영아가 있으나, 이유식 계획 또는 제공 기록이 없는 경우 등

〈미흡한 수준〉

이 항목에서 '미흡한' 수준(1점)은 영유아를 위한 급식이 영양적 균형과 발달 단계에 적절하지 않고 식품의 조리형태도 미흡한 경우이다. 또한 급식의 계획과 제공에 관한 기록이 대부분 미흡한 경우도 이에 해당한다.

- 급식이 영양적 균형과 발달 단계에 적절하지 않고 식품의 조리형태도 미흡한 경우
  – 급식제공에서 영양적 균형이 맞지 않고 음식 조리형태가 발달 단계에 적합하지 않은 경우
  – 주로 조리 절차가 간단한 인스턴트 음식이나 탄수화물 위주의 식단을 절반 이상 제공하는 경우
  – 남은 식자재가 재배식되는 경우 등
- 급식의 계획과 제공에 관한 기록이 대부분 미흡한 경우
  – 식단표가 없는 경우
  – 급식제공 관련 기록이 절반 이상으로 대부분 기간 누락된 경우
  – 제공기록이 없어서 영유아에게 제공되는 급식 내용을 확인할 수 없는 경우
  – 식단표는 있으나 급식이 계획대로 제공되지 않는 경우가 절반 이상인 경우 등

대 5-11 영유아를 위한 급식

2015년 1월 식단표(만1~2세,일반형)

12) 영유아를 위한 간식

대 5-12	영유아를 위한 간식
3	간식이 오전과 오후로 다양하게 제공되며, 신선한 과일이나 채소가 주 3회 이상 제공된다.
2	간식이 오전과 오후로 계획되나, 신선한 과일이나 채소가 주 3회 미만으로 제공된다.
1	간식이 오전과 오후 중 한 번만 계획되어 있거나, 주로 인스턴트식품이 제공된다.

어린이집에서의 간식은 영유아의 성장에 필요한 열량 보충과 영양의 균형 차원에서 중요한 일과로 다루어져야 한다. 간식으로 제공되는 식품은 가능한 한 식사와 중복되지 않아야 하며, 내용과 양이 식사를 방해하지 않아야 한다. 간식은 영유아의 신체적 요구와 연령별 특성을 고려하여 오전과 오후로 나누어 제공되어야 하며, 비타민과 무기질이 풍부한 과일이나 채소를 제공하는 것이 바람직하다.

〈우수한 수준〉

이 항목에서 '우수한' 수준(3점)은 간식이 오전과 오후로 다양하게 제공되며, 신선한 과일이나 채소 등의 식품이 주 3회 이상 제공되는 경우이다. 또한 간식 계획과 제공에 관한 기록이 잘 갖추어져 있다.

〈부분적으로 우수한 수준〉

이 항목에서 '부분적으로 우수한' 수준(2점)은 간식이 오전과 오후로 계획되나, 신선한 과일이나 채소 등이 주 3회 미만으로 제공되고 있는 경우이다. 또한 간식 계획과 제공에 관한 기록이 일부 미흡한 경우도 이에 해당한다.

대 5-12 영유아를 위한 간식

- 신선한 과일이나 채소가 주 3회 미만으로 제공되는 경우
  - 제공된 과일 또는 채소명이 구체적으로 기록되어 있지 않아(예 제철과일, 야채스틱 등) 제공 내용을 확인할 수 없는 경우
- 어린이집의 일과 운영(예 등 · 하원시간 등)으로 인해 절반 이상의 영유아가 간식을 먹지 못하는 경우
- 간식 계획과 제공에 관한 기록이 일부 미흡한 경우
  - 계획된 식단대로 간식이 제공되지 않은 경우가 절반 미만으로 가끔 있는 경우
  - 간식 제공 관련 기록이 절반 미만으로 일부 기간 누락된 경우
  - 토요일에 어린이집을 운영하나 간식 계획 또는 제공 기록이 없는 경우 등
  - 이유식을 먹는 월령의 영아가 있으나 이유식 계획 또는 제공 기록이 없는 경우 등

〈미흡한 수준〉

이 항목에서 '미흡한' 수준(1점)은 간식을 오전과 오후 중 한 번만 계획 또는 제공하고 있거나, 식품첨가물(예 유화제, 발색제, 보존제 등)이 함유된 인스턴트식품, 탄산음료, 냉동식품, 과자류 위주로 간식을 제공하는 경우이다. 또한 간식 계획과 제공에 관한 기록이 대부분 미흡한 경우도 이에 해당한다.

- 간식 계획과 제공에 관한 기록이 대부분 미흡한 경우
  - 식단표가 없는 경우
  - 급식제공 관련 기록이 절반 이상으로 대부분 기간 누락된 경우
  - 제공기록이 없어서 영유아에게 제공되는 간식 내용을 확인할 수 없는 경우
  - 식단표는 있으나 간식이 계획대로 제공되지 않는 경우가 절반 이상인 경우 등

실제 10-1

40인 이상	어린이집 현행수준 파악을 위한 체크리스트

1. 보육환경 점검 상태 및 컨설팅 요청 체크리스트

다음은 어린이집에서 자체점검 기간 동안 보육환경 전반을 둘러보고 보육실 환경구성 및 보육활동자료의 구비, 전반적인 청결상태, 안전관리 상태를 스스로 점검해 볼 수 있도록 돕기 위한 체크리스트입니다. 어린이집 실내외를 직접 둘러보면서 각 항목별로 꼼꼼하게 점검하여 해당 부분에 ✓표를 해보세요.

작성일 20 . . . 기준

구분	확인장소	〈보육환경 / 40인 이상〉 장소별 점검 기준	점검 결과			비고
			양호	보완중	컨설팅 요청	
1	보육실	- 연령별로 보육실에 해당 영역이 모두 구성되어 있는가? • 만 0~1세 : 신체영역, 언어영역, 탐색영역, 일상생활 영역(수유, 기저귀 갈이 영역 포함) • 만 2세 : 신체영역, 언어영역, 탐색영역, 음률영역, 미술영역, 역할놀이 및 쌓기놀이 영역 • 만 3~5세 : 언어영역, 수·조작영역, 과학영역, 음률영역, 미술영역, 역할놀이 영역, 쌓기놀이 영역				
		- 흥미영역의 배치가 적절한가? • 조용한 영역과 시끄러운 영역이 적절히 구분되어 있는지 확인 • 영아반의 일상생활 영역 보육실 내 마련				
		- 보육실마다 휴식공간이 마련되어 있는가? • 깔개와 쿠션, 소파 등 부드러운 소재를 이용하여 아늑한 공간 마련				

<table>
<tr><td rowspan="7">1</td><td rowspan="7">보육실</td><td>- 연령별로 활동자료가 다양하고 충분한가?
<table>
<tr><th colspan="2">활동자료</th><th>만 0~1세</th><th>만 2세</th><th>만 3~5세</th></tr>
<tr><td rowspan="2">신 체</td><td>대근육</td><td>3종 이상</td><td>4종 이상</td><td>4종 이상</td></tr>
<tr><td>소근육</td><td>3종 이상</td><td>4종 이상</td><td>4종 이상</td></tr>
<tr><td>언 어</td><td>듣기/말하기/
읽기/쓰기</td><td>각 1종 포함
총 5종 이상</td><td>각 1종 포함
총 5종 이상</td><td>각 1종 포함
총 5종 이상</td></tr>
<tr><td rowspan="3">자연탐구</td><td>수</td><td>-</td><td>-</td><td>4종 이상</td></tr>
<tr><td>과학</td><td>-</td><td>-</td><td>4종 이상</td></tr>
<tr><td>탐색</td><td>3종 이상</td><td>4종 이상</td><td>-</td></tr>
<tr><td rowspan="3">예 술</td><td>음악 및 동작</td><td>-</td><td>4종 이상</td><td>4종 이상</td></tr>
<tr><td>미술</td><td>-</td><td>4종 이상</td><td>4종 이상</td></tr>
<tr><td>예술</td><td>3종 이상</td><td>-</td><td>-</td></tr>
<tr><td rowspan="2">역할 및
쌓기놀이</td><td>역할놀이</td><td>3종 이상</td><td>4종 이상</td><td>4종 이상</td></tr>
<tr><td>쌓기놀이</td><td>3종 이상</td><td>4종 이상</td><td>4종 이상</td></tr>
</table></td><td></td><td></td><td></td><td></td></tr>
<tr><td>- 보육실 전반의 청결상태가 양호한가?
• 바닥, 천장, 창문 및 문틀, 교구장 뒤쪽 등 확인</td><td></td><td></td><td></td><td></td></tr>
<tr><td>- 보육실 놀잇감의 청결상태가 양호한가?
• 찌든 때, 녹슨 놀잇감 등 확인
• 영아반 놀잇감 : 입에 넣고 빨기 쉬운 놀잇감은 놀이가 끝나면 별도의 바구니에 분리하여 매일 세척하도록 함</td><td></td><td></td><td></td><td></td></tr>
<tr><td>- 보육실 시설 및 설비의 안전관리 상태가 양호한가?
• 창문의 하단이 120cm 이하로 낮은 경우에는 반드시 창문보호대 설치(방충망은 창문보호대에 포함되지 않음), 전기콘센트 안전덮개, 전선줄, 블라인드 줄, 모든 출입문의 손 끼임 방지 등 확인
• 모서리보호대(모서리가 날카로운 자외선소독기, 교구장, 라디에이터 등) 확인</td><td></td><td></td><td></td><td></td></tr>
<tr><td>- 보육실 놀잇감의 안전관리 상태가 양호한가?
• 놀잇감 중 깨져 있거나 날카로운 것이 있는지 확인(조개껍데기, 부서진 플라스틱 쟁반이나 바구니, 끝이 깨진 사기그릇, 안전처리되지 않은 깡통 등)</td><td></td><td></td><td></td><td></td></tr>
<tr><td>- 위험한 물건이 영유아 손에 닿지 않는 곳에 보관되어 있는가?
• 교사용 사무용품, 목공용 본드, 약품류, 화장품류, 스프레이, 동물사료, 관찰영역의 가시 있는 식물 등 확인
• 영아반의 경우, 영아가 삼키기 쉬운 3.5cm 이하의 모든 놀잇감 확인(솜공, 블록, 구슬, 곡식류 등 작은 크기의 모든 놀잇감)
• 화분의 색돌, 건전지, 침핀, 비눗방울액, 색모래 등 확인
• 싱크대 위의 고무장갑, 세제 등 확인(보육실 내 싱크대가 있는 경우)</td><td></td><td></td><td></td><td></td></tr>
</table>

1	보육실	- 손 씻기 및 이 닦기 등이 잘 이루어지는가? • 보육교사의 손 씻기 : 출근한 후, 영유아의 배변지도(기저귀 갈이) 후, 식사(수유) 및 간식 전후, 실외활동 후, 투약하기 전, 영유아의 콧물을 닦아준 후 • 영유아의 손 씻기 : 대소변 이후, 식사와 간식 전, 실외활동 이후 • 영유아 이 닦기(0세 포함), 영유아와 보육교사 점심 이후 이 닦기				
		- 만 0~1세의 경우, 기저귀 갈이 공간과 비품이 마련되어 있는가? • 기저귀 갈이대, 뚜껑 있는 휴지통, 기저귀, 물휴지, 일회용 장갑, 여벌옷 등 구비 • 기저귀 갈이대 사용 후 닦지 않고 소독액만 뿌려 사용하는지 확인 • 이동식 변기 사용 후 바로 세척하기				
		- 보육실 환기, 채광, 조명, 온도관리가 적절하게 유지되고 있는가? • 등원 전, 놀이 후, 식사 및 간식 시간, 낮잠 시간 후에 창문 열어 환기시키기(창문이 없는 경우 환기 노력 : 공기청정기 등) • 창문의 썬팅지 또는 한지 절반 이상 제거, 커튼 또는 블라인드 등 올려두기				
		- 개별침구(이불과 베개)가 마련되어 있고, 적절하게 관리되고 있는가? • 주 1회 이상 세탁 확인 • 여분의 침구 마련 및 사용 후 매일 세탁 확인				
		- 보육실 내 영유아용 물컵과 수유 영아의 젖병 등을 청결하게 관리하고 있는가? • 마실 물컵의 사용 전·후 표기 및 사용 전 컵의 보관 상태 확인 • 개인용 컵이나 물병을 사용하는 경우 하루 종일 한 번도 세척하지 않고 계속 사용하는지 여부 확인 • 수유 영아의 젖병 소독 여부 확인				
		- 보육실 내 식자재의 유통기한과 보관방법을 준수하고 있는가? • 보육실 내 냉장고, 사물함 위의 우유 등 냉장 보관 및 유통기한 확인(모유와 우유는 냉장 보관)				
		- 배식과정이 위생적인가? • 급·간식 전후에 식탁 닦기, 배식 시 반찬별 집게 또는 일회용 장갑 착용 확인 • 배식 시 음식물을 바닥에 놓지 않기, 교사가 사용하던 젓가락으로 배식하지 않기 등 확인				
2	자료실 또는 교사실	- 비품과 활동자료를 보관할 장소나 자료실이 별도로 있는가? • 비품과 자료를 활동 영역별, 용도별, 연령별로 구분하면 용이(명칭, 내용, 관련 영역 표기)				

2	자료실 또는 교사실	- 교사용 참고자료를 교사당 5권 이상(최소 10권~최대 50권) 구비하고 있는가? • 교사가 사용하기 쉬운 곳에 비치하고 있는지 확인 • 대여자료 20% 포함 가능				
		- 비상약품의 유효기간 명시 및 관리가 되고 있는가? • 유효기간이 지나거나 명시되지 않은 약품, 무허가약품 등 확인				
		- 교사용 개인사물함(또는 책상)과 별도의 공간이 마련되어 있는가? • 교사 개인사물함(또는 책상)이 교사 수만큼 마련되어 있는지 확인, 실제로 사용할 수 있어야 함 • 교사 사물함 안에 비품이나 교구들이 함께 섞여 있는지 확인				
3	화장실	- 화장실 전반의 청결상태가 양호한가? • 냄새 유무, 바닥 건조 상태, 환기 여부, 변기 물 내리기 등 확인				
		- 화장실 비품이 마련되어 있는가? • 마른 수건, 비누, 휴지, 휴지통 등 구비				
		- 손 씻기 및 이 닦기 등이 잘 이루어지는가? • 휴지통 사용 후, 코 풀어준 후, 배변지도 후에 손 씻기 • 영유아 이 닦기(0세 포함) • 손 씻기, 물 내리기 순서 등의 그림을 부착하여 지도하고 있는지 확인				
		- 화장실 내 시설 및 설비의 안전관리 상태가 양호한가? • 전기콘센트 안전덮개, 화장실 및 화장실 내 출입문의 손 끼임 방지 등 확인 • 샤워기 줄 관리, 온수조절조치 등 확인				
		- 위험한 물건이 영유아 손에 닿지 않는 곳에 보관되어 있는가? • 각종 세제, 표백제, 나프탈렌, 방향제, 대걸레, 고무장갑, 변기 압축기 등 확인				
4	기타 실내공간 (유희실, 복도, 현관, 계단 등)	- 기타 실내 공간 전반의 청결상태가 양호한가? • 바닥, 천장, 창문 및 문틀, 신발장, 현관 바닥 및 복도, 계단 등 확인 • 영유아 및 교사가 실내화를 실내외 구분 없이 신고 다니는지 확인				
		- 기타 실내 공간 시설 및 설비의 안전관리 상태가 양호한가? • 전기콘센트 안전덮개, 블라인드 줄, 모든 출입문의 손 끼임 방지 등 확인 • 정수기 온수조절조치 등 확인				
		- 위험한 물건이 영유아 손에 닿지 않는 곳에 보관되어 있는가? • 유희실 놀잇감 중 영아가 삼키기 쉬운 3.5cm 이하의 모든 놀잇감 등 확인 • 복도의 가시 있는 식물, 잠금장치 없는 장식장 안의 3.5cm 이하 놀잇감 등 확인				

		- 비상사태를 대비한 시설 및 설비가 갖추어져 있는가? • 각 층당 1개 이상의 소화기 구비 및 충전 레벨 확인, 눈에 잘 띄는 곳에 비치 • 주 출입구와 비상구의 유도등 설치 및 작동 여부 확인(형광 유도표지판은 인정 안 됨) • 비상구는 잠그지 않으며, 교구장 등으로 막거나 짐을 쌓아두지 않아야 함				
5	조리실	- 조리실 공간과 설비, 비품의 청결상태가 양호한가? • 바닥, 벽, 천장, 싱크대, 가스레인지, 후드, 전자레인지, 냉장고, 조리실 비품, 식기류 등 확인 ※ 공공기관이나 사회복지관 안에 설치된 어린이집의 경우에 같은 건물에 있는 조리실을 함께 사용할 수 있으며, 유치원과 같은 건물에 설치된 어린이집은 유치원의 조리실을 함께 사용할 수 있음. 이에 해당 조리실은 평정대상에 포함됨				
		- 모든 식자재의 유통기한과 보관방법을 준수하고 있는가? • 냉장고, 싱크대, 교사실 등 모든 실내공간의 식자재 유통기한 확인 • 우유 냉장 보관, 식자재 보관 상태 확인 ※ 해당 조리실 및 조리실 내 모든 식자재 포함(예 공공기관용, 사회복지관용, 유치원용 조리실 함께 사용 시 평정 대상)				
		- 조리사는 앞치마와 머릿수건(위생모와 위생복)을 착용하고 조리하는가? • 앞치마와 머릿수건(위생모와 위생복) 착용 확인				
		- 비상사태를 대비한 시설 및 설비가 갖추어져 있는가? • 가스 사용 시 가스누설경보기 설치 및 정상 작동 여부 확인				
6	실외 놀이터, 실외 공간, 차량 등	- 실외 놀이기구가 3종 이상 갖추어져 있는가? • (고정식) 대근육활동 놀이기구 1종 포함하여 3종 이상 • 영아가 있을 경우 영아용 1종 포함				
		- 실외시설 및 설비의 안전관리 상태가 양호한가? • 에어컨 실외기 · 가스통 등의 접근 차단, 대문 · 담장 등으로 외부와의 분리 여부 • 고정식 놀이기구(미끄럼틀 등)의 파손 여부 확인 • 담장 주변의 가시 장미 등 확인				
		- 실외 놀잇감의 안전관리 상태가 양호한가? • 이동식 놀잇감 중 깨져 있거나 날카로운 것이 있는지 확인				
		- 실외 놀잇감의 청결상태가 양호한가? • 이동식 및 고정식 놀이기구, 놀잇감 등이 청결하고 녹이 슬지 않았는지 확인				
		- 위험한 물건이 영유아 손에 닿지 않는 곳에 보관되어 있는가? • 빗자루, 삽 등 확인				

		- 차량의 안전관리 상태가 양호한가? • 차량 내 안전수칙 부착, 소화기 충전레벨, 비상약품의 유효기간 등 확인 • 안전벨트 착용, 성인 동승, 영아용 보호장구 구비 여부 ※ 영아용 보호장구는 안전인증(KC)을 받고 영아에 적합한 안전인증기준(W1, W2)을 충족하는 제품 사용				

CHAPTER

11

유아교육기관에서의 급식과 식생활 지도

1. 유아교육기관에서 급식의 중요성
2. 유아교육기관 급식의 식단관리 계획
3. 급·간식과 올바른 식습관 태도

CHAPTER

11 유아교육기관에서의 급식과 식생활 지도

급식과 식생활 지도는 영유아기 성장과 발달에 필요한 영양을 적절히 공급함으로써 심신의 건전한 발달과 편식교정 및 식습관의 올바른 태도와 민주시민으로서의 자질과 덕성을 함양하고, 성인기 건강한 삶에 중요한 교육의 일환으로 유아교육기관에서의 일관성 있는 지도가 필요한 기본생활습관의 한 부분 활동으로서 매우 중요한 부분이기도 하다. 이 장에서는 유아교육기관에서의 급식의 중요성, 유아교육기관 급식의 식단관리 계획 및 급·간식과 올바른 식습관 태도에 대해 살펴보고자 한다.

1 유아교육기관에서 급식의 중요성

영유아기는 성장과 발달이 급속도로 이루어지는 시기로 자발적인 식습관이 완전히 형성되기 위해서는 본보기나 모방을 통해 가정과 유아교육기관에서의 적절한 연계교육과 관리가 필요하다. 또한 요즈음 영유아들은 대부분 가정에서보다 유아교육기관에서 머무는 시간이 많은 부분을 차지하다 보니 급간식의 중요성은 더욱 강조되고 있으며, 특히 다양한 가족구조와 사회적 구조의 현상과 더불어 여성의 사회참여가 높아짐에 따라 가정에서 해야 할 식사의 영양 부분과 식사에 대한 식사예절이나 식생활 태도 등 그에 따른 여러 가지 가정의 역할들을 유아교육기관이 대신하게 됨에 따라 그 비중은 더욱 중요시되어 가고 있다. 따라서 유아교육기관에서는 성장과 발달이 급속도로 빠른 영유아기에 꼭 필요한 영양소를 균형 있는 식단으로 제공하여 면역력이 약한 영유아기 성장과 발달을 돕고, 위생적인 환경을 마련해 주어 양질의 식사와 간식을 제공하여 영유아들의 건강을 유지하는 데 최선을 다해야 하겠다.

식사를 할 때에는 급식지도 예절을 함께 하여 영유아기 때부터 식생활 문화와 기본생활습관에 따른 예의범절을 가르쳐 바른 식생활 습관을 갖도록 유아교사는 모범적인 자세로 도와주고 지도해 주어야 한다. 이때 유아들에게는 급식 당번을 정해주고 유아기 급식활동을 통하여 식사를 하면서 올바른 식습관을 형성하고, 자신감이나 협동심, 우애심, 사회성 등 규칙과 규범을 학습하도록 하는 것도 유아교사의 역할인 것을 잊어서는 안 될 것이다. 무엇보다도 영유아기의 올바른 식습관과 음식을 제공해 주신 분들에게 감사하는 마음을 갖게 하는 교육은 가정과 유아교육기관과의 연계로 중요한 부분의 한 부분이며, 가정과 유아교육기관과의 식생활 교육에서 잊어서는 안 될 측면임도 생각해 두어야 할 것이다.

영유아기 식습관 생활에 중요한 영향을 미치는 식생활 지도를 위해 유아교육기관에서 영유아들에게 급·간식을 제공하면서 갖게 되는 의의를 살펴보면 다음과 같다.

1) 급·간식의 의의

(1) 사회적 측면

① 영유아기의 중요성 인식

부모들이 유아교육기관에서 영유아들이 머무는 시간이 길어지게 되면서부터 영유아들의 보육·교육 등에 대한 관심도가 높아짐과 동시에 자연스럽게 식생활에 대한 영양이나 급식, 심지어 식생활 태도에까지 관심이 높아졌다.

② 종일제 프로그램의 증대

대부분의 여성들은 사회진출 증가로 유아교육기관에 영유아들의 점심식사뿐만 아니라 저녁식사까지 요구하게 되었고, 영유아들의 영양과 안전, 위생 등은 물론 급식 · 간식에 대한 부모들의 요구사항이 증가하기 시작하였다.

(2) 보육 · 교육적 측면

① 영유아의 학습 능력

균형 잡힌 식단에 의한 영양을 섭취하지 못한 영유아는 학습의 진보와 성취에서 부진하며 잦은 결석을 유발하여 학습 기회를 잃게 된다.

② 기본생활습관(식습관)

영유아기에 형성하는 기본생활, 기본질서 지키기, 분담 역할하기, 정리정돈 스스로 하기, 예절 지키기, 위생관리 등의 식생활 습관과 실생활 태도는 성인기에까지 커다란 영향을 미친다.

③ 영양교육의 기회

영유아기부터 영양소의 종류와 기능에 대하여 이해하지 못할 때 초기 습관의 부재는 아동기, 청소년기에도 음식 섭취에 대한 중요성을 인식하지 못하여, 성인기에 사회역할을 하는 것에 문제점이 생길 수 있다.

(3) 건강적 측면

① 심신 발달의 영향

영유아기의 소화 흡수 능력은 성장에 비해 미숙하나 단위 체중당 필요한 열량이나 영양소는 성인에 비해 높아 이 시기에 필요한 영양공급을 하지 못하면 신체적 · 정신적 발달에 결핍을 초래할 수 있다. 뿐만 아니라 영유아기에 잘못하여 식습관 행동에 문제가 발생되었을 때 그로 인한 편식이나 유아기 비만은 성인기까지 좋지 않은 영향을 미칠 수 있다.

2) 급식의 효과

(1) 사회경제적 측면

① 부모 측면

가정에서 자녀의 균형 잡힌 식사를 준비하는 것보다 시간과 비용 등을 절약할 수 있다.

② 유아교육기관과 조리사 측면

영양사의 채용은 효율적 급식의 관리 측면에서 모든 단가를 낮출 수 있다.

(2) 교육적 측면

① 학습교육 능력의 향상

영유아들의 식품 기호를 고려한 급식 제공으로, 유아교육에 대한 흥미를 유발하여 학습발달에 좋은 영향을 주게 하여 부정적 측면을 감소시킬 수 있다.

② 식습관의 습득

급식시간을 통하여 질서, 협동, 정리정돈, 예절 지키기, 위생관리 등으로 식생활 습관과 태도를 스스로 습득한다.

③ 영양교육의 기회 획득

이야기 나누기 활동, 영역별 활동, 동화주제 활동 등을 통해 급식과 연계하여 생산과 소비에 대한 이해와 올바른 식품의 영양가와 기능을 이해하게 되고, 올바른 식습관을 형성하게 된다.

(3) 건강적 측면

① 합리적인 영양 섭취 가능으로 성장·발달의 극대화

가정과의 소통을 통하여 건강 식단으로 비만과 편식을 예방하여, 영유아기 신체 발달, 체력, 체질, 체격의 향상과 면역력 증강은 물론 질병을 예방할 수 있다.

② 유아의 심리적 발달

적절한 급식의 조화로 정서적 안정감과 만족감을 주어서 사회적 적응과 발달에 도움을 준다.

2 유아교육기관 급식의 식단관리 계획

영유아기는 신체적·정신적 발달이 왕성한 시기이므로 앞으로의 건강한 체질과 올바른 식생활 습관이 형성되는 기초적 시기의 단계이므로 양적·질적으로 충분한 식사를 균형 있게 계획하는 것이 매우 중요하다. 따라서 유아교육기관에서는 다양한 식재료를 이용하여 제공하는 균형 잡힌 영양공급을 위한 식단의 구성뿐만 아니라 적당량의 급식과 간식의 평가와 더불어 제공되는 유아교육기관에서의 급·간식은 영유아들의 발달에 적합한 영양의 양적·질적 충족을 위해 필요하다.

영유아들의 급·간식 운영을 위해 유아교육기관에서 계획할 때 먼저 고려해야 할 점은 다음과 같다.

1) 급식의 기본 계획

영유아들에게는 균형 있고 위생적이며 안전한 급식을 제공하는 것을 원칙으로 하며, 영유아의 정상적인 발달에 필요한 영양소를 골고루 섭취할 수 있도록 한다. 또한 유아교육기관 시설에서 직접 조리하여 제공하는 것을 원칙으로(시행규칙 제34조) 식품위생법에 의해 이루어지게 한다. 급식은 영양사의 식단에 의해 공급하되 100인 이상의 시설에서는 영양사가 상주 또는 5인 시설이 협동하여 그중 어느 한 시설에는 영양사가 상주하도록 하여 급·간식을 제공하도록 하는 것을 원칙으로 하고 있다.

또한 모든 유아교육기관의 시설은 집단 급식소로 신고의무화 되어 영유아의 건강·안전 및 소비자의 알 권리를 확보해야 하며 농수산물이나 그 가공품을 조리하여 제공할 경우 식단표에 원산지를 표지(농수산물의 원산지 표시에 관한 법률 제5조 제3항), 공개하고 부모들에게도 알리도록 되어 있으며 입소(입학) 시 급·간식 제공에 대하여 공개한다.

육아정책연구소에서 제시한 유치원급식운영관리 지침서에 따른 급식의 기본 계획은 아래와 같다.

(1) 다양한 식품배합을 통하여 영양적으로 적합한 식사구성을 한다

점심 급식 식단을 작성할 때 가장 먼저 유아의 일일 영양 필요량을 산정한다. 이때 유아의 하루 영양 필요량 중에서 간식(2회 공급) 속에 들어 있는 열량을 제외한, 최소 1/3은 점심을 통해 열량이 공급되어야 한다. 식단 계획 시 충분한 양의 열량, 단백질, 칼슘 공급이 가능하도록 식품 구성과 양을 정한다.

〈표 11-1〉 식단 계획 시 유아의 영양과 단백질 필요량 및 점심 한 끼의 열량

3~5세 유아 하루 영양 필요량	1400kcal	단백질 필요량	20g
점심 한 끼의 식사의 열량	400~500kcal	점심 한 끼의 단백질 열량	약 5~10g

(2) 신체 발육에 필요한 칼슘과 단백질이 충분히 함유된 식단으로 구성한다

성장기에는 신체 발육에 필요한 칼슘과 양질의 단백질을 식사를 통하여 충분히 공

급받을 수 있도록 식단을 구성한다. 일반적으로 식단 구성을 할 때는 단백질과 열량 중심으로 식단을 구성하지만 성장기의 영유아의 경우 칼슘과 철분 공급이 충분하도록 고려하여 식품을 선택하고 식단을 구성한다.

(3) 음식을 적절히 변화시킬 수 있는 주기식단(Cycle Menu)으로 구성한다

반복해서 먹게 되는 음식은 싫증을 내므로 계절 요인, 질감, 색, 맛, 문화적 다양성을 계획하여 제공할 음식의 종류가 겹치지 않도록 고려하여 매일 다른 식단을 구성하는 것이 바람직하다.

〈표 11-2〉 주기식단 구성의 예

1일	2일	3일	4일	5일	6일
쌀밥 북어국 채소계란말이 우엉조림 배추김치	보리밥 연배추들깨국 돼지갈비찜 김구이/ 양념장 깍두기	쌀밥 김치국 닭살바베큐조림 취나물볶음 깍두기	팥밥 상추된장국 오징어채소볶음 도토리묵쑥갓무침 총각김치	쌀밥 맑은무국 쇠고기 감자찜 건파래 볶음 배추김치	달래콩나물비빔밥 두부된장국 배추김치 토마토(1/2개)

(4) 조리는 유아가 소화하기 쉬운 방법으로, 자극성이 강한 조미료의 사용은 삼간다

유아는 성인에 비해 소화 흡수 기능이 미숙하여 소화 장애를 일으키기 쉬우므로 영유아에게 적합한 조리법의 음식을 선정할 필요가 있다. 기름기가 많은 튀김이나 볶음류, 섬유질이 지나치게 많거나 냄새가 강한 채소, 신맛 혹은 양념이 강하게 가미된 음식, 큰 덩어리로 조리된 음식은 대체로 씹기나 소화성을 고려할 때 부적당하거나 유아가 싫어한다.

향신료의 사용은 되도록 적게 하고 화학조미료의 사용을 제한한다. 조리하는 어른의 입맛에 맞추지 않도록 유의한다는 점이 중요하다.

〈표 11-3〉 유아식단에서 바람직하지 않은 음식의 예

자극적인 음식	조리법이 어려운 음식	소화하기 어려운 음식
매운 떡볶이 장아찌류 절임류 등 맵고 짠 음식	양념치킨 감자크로켓 탕수육 등 조리과정이 많은 음식	오징어튀김 딱딱한 강정 견과류 등 딱딱하거나 크기가 적당하지 않은 음식

(5) 유아의 기호를 고려한 식단으로 구성한다

① 촉각

급식을 제공할 때 영유아들에게 있어서 기호를 생각하여 부드러운 것, 바삭한 것, 쫄깃한 것 등 다양한 질감 · 식감 · 음식의 온도 · 음식 특성 등을 고려하여 영유아들이 경험할 수 있게 제공한다.

② 시각

적색, 녹색, 오렌지색 등의 색은 식욕을 돋구어 주는 것처럼 음식의 색은 식욕과 지식형성에 중요한 역할을 하므로 음식의 기호의 정도를 표현할 수 있는 색상에 대한 식사시간을 통한 경험학습 기회를 제공한다.

③ 후각

급식을 제공할 때 영유아들은 후각적으로 다양한 냄새를 접하면서 부드러운 향의 음식을 좋아하므로 실제 자유롭게 활동의 기회를 접할 수 있도록 한다.

④ 미각

급식을 제공할 때 영유아들에게 맛의 단계는 단맛, 신맛, 쓴맛, 짠맛 등 기본 맛의 조화를 서서히 접하도록 하여 처음부터 너무 강한 맛으로 준비하여 주지 않도록 한다.

⑤ 조리법

급식을 제공할 때 식품재료의 특성에서는 영양적 측면을 고려한 조리법으로는 다양한 방법으로 조리하여 영유아들에게 제공함으로써 다양한 변화로 여러 가지 경험과 기회를 제공·접해보도록 한다.

〈표 11-4〉 식단 구성 예시

단조로운 식단		변경된 식단
쌀밥 감자국 계란찜 무나물 백김치	⇨	완두콩밥 김치국 채소계란말이 감자볶음 무생채
평가 : 음식이 모두 부드러운 맛이며, 색깔도 유사하여 단조롭게 느껴짐		평가 : 여러 가지 색감이 어우러져 있어 풍부한 맛을 느낄 수 있으며, 색깔도 다양하여 맛이 풍성한 식단으로 느껴짐

(6) 급식량과 제공 시간을 정하여 규칙적으로 적정량 배식하도록 계획한다

영유아는 필요한 영양소량에 비해 소화력은 한정되어 있기 때문에 음식을 오전, 오후 간식과 점심 등으로 횟수로 나누어 구성한다.

정규 식사 이외에 수회의 간식을 제공하도록 한다. 이때 간식시간과 정규 식사시간의 간격의 조절을 통하여 정규 식사의 섭취에 지장을 주지 않도록 한다.

〈표 11-5〉 식사제공 간격

 오전 간식	⇨	 점심 급식	⇨	 오후 간식
100kcal	2시간~ 2시간 30분	50kcal	2시간 30분	150kcal
9시 30분		12시		2시 30분

(7) 간식은 세끼의 식사에서 부족할 수 있는 영양소를 보충할 수 있게 구성한다

간식은 당분이 지나치게 많거나 자극적인 식품은 피하고 단백질과 비타민, 무기질 등 영양소가 풍부한 것을 선택해야 한다.

활동량이 많은 오후 시간에 제공되는 간식은 수분을 충분히 공급해 줄 수 있도록 구성한다. 우리나라 식생활에서 부족하기 쉬운 영양소인 칼슘이 많이 들어 있는 우유나 유제품을 간식 식단 작성 시 적절히 반영하도록 한다. 많은 양의 간식 공급은 정규 식사에 영향을 주므로 간식 종류와 제공량을 고려해야 한다.

〈표 11-6〉 간식으로 선택하는 음식

바람직한 간식의 예	채소 샐러드, 채소스틱, 과일, 우유 및 유제품, 감자, 고구마
바람직하지 않은 간식의 예	탄산음료, 어린이 캐릭터 음료, 과자, 냉동식품(만두, 치킨너겟, 감자튀김 등), 캐러멜, 초콜릿, 젤리 등

(8) 책정된 급식비용 및 급식인력과 시설 설비를 고려한다

일반적으로 점심 식단은 일일 1인당 지출 가능 식비 중 간식비를 제외한 비용으로 구성하고, 점심 식비의 구성 비율은 일반적으로 주식 대 부식을 3대 7 또는 2대 8 정도로 하는 것이 적당하다.

급식 준비 및 배식 작업이 가능한 인력과 인력의 기술 능력은 식단 구성 단계에서부터 고려되어야 한다. 저장 창고와 냉장고의 크기 및 주방의 시설, 설비의 유무와 용량을 충분히 고려하여 식단을 구성해야 실질적인 급식 제공 시 문제가 발생하지 않는다.

2) 급식 식단 작성의 순서

영유아기는 성장과 발달이 왕성한 시기이므로 다양한 식품군을 골고루 경험하는 것이 필요하다. 그렇기 때문에 건강한 미래를 위해 올바른 식생활 및 식생활 태도를 습득할 수 있도록 유아교육기관에서의 급식을 위한 영양계획은 중요하다.

따라서 영양공급량은 영양섭취 기준을 중심으로 하되, 영유아의 세부연령과 성별 및 개인차에 따른 영양섭취 수준은 급·간식의 배식을 조절하도록 하여 준비하고, 식생활에서 부족하기 쉬운 영양소인 칼슘이 많이 들어 있는 우유나 유제품은 간식 식단 작성 시 적절히 반영하도록 하는 것도 바람직하다.

영양소가 고르게 함유된 점심 급식 식단의 순서는 다음과 같다.

(1) 1일 영양소량을 결정한다

급식 식단은 유아의 영양섭취 기준 에너지 평균필요량, 단백질을 포함한 칼슘, 철, 비타민 A 등과 함께 영양소는 권장섭취량 기준으로 영양 요구량을 충족시킬 수 있도록 구성되어야 하므로 식단을 작성할 때 유아의 하루 영양 필요량을 우선적으로 고려해야 한다.

유아 급식을 위한 영양섭취 기준을 제시해 보면 다음과 같다.

〈표 11-7〉 유아급식을 위한 영양섭취 기준

구 분	3~5세	영양기준
에너지	1,400kcal	평균필요량
단백질	20g	권장섭취량
칼 슘	600mg	
철	7mg	
비타민 A	350㎍RE	
티아민	0.5mg	
리보플라빈	0.6mg	
비타민 C	40mg	

출처 : 한국영양학회(2015). 2015 한국인 영양소 섭취기준.

즉, 1일 섭취해야 할 3~5세 유아들의 필요한 열량 영양소의 적정비율 에너지는 1400kcal이며, 그중 탄수화물은 55~70%, 단백질은 7~20%, 지질은 15~30%로 각각의 에너지 구성비를 탄수화물, 지방, 단백질로 구성하되, 점심 1회와 간식 2회 공급을 기준으로 정하였을 때, 급·간식의 총 섭취 열량은 약 600kcal(약 10% 수준인 60kcal는 변동 가능) 정도로 하는 것이 바람직하다.

〈표 11-8〉 급식구성 기준 및 고려사항

요 일	영양소 식사 분류	열량 (Kcal)	단백질 (g)	식품 구성 시 유의점
평일 (월~금)	오전 간식	100~120	1~5	아침 결식 시 오전 간식의 열량비중을 다소 높이고, 식사시간을 조정하도록 한다.
	점 심	400~500	10~15	고른 식품의 섭취와 다양한 맛을 즐길 수 있도록 구성하고, 국수와 일품음식은 교육활동을 고려하여 구성하도록 한다.
	오후 간식	100~150	1~5	오후 낮잠 이후에 활동량이 증가되는 시기임을 고려하여 수분 및 필요영양소 보충을 위한 간식을 구성하도록 한다.
토요일	점 심	400~500	10~15	간단하면서도 영양이 풍부한 일품음식을 중심으로 급식 노동력을 줄일 수 있도록 한다.

〈표 11-9〉 식단의 기본 형태와 주요 공급 영양소 및 해당되는 음식의 예

기본 형태	식품의 종류	기본 종류	실제 음식	주요 영양소
주 식	곡류음식	밥, 면, 빵	보리밥, 완두콩밥, 비빔국수, 샌드위치	당질
국	고기, 생선(계란, 두부, 콩), 채소	고깃국, 된장국, 각종 찌개	쇠고깃국, 배추된장국, 순두부찌개	단백질, 비타민, 무기질
주 찬	고기, 생선, 계란, 두부, 콩	쇠고기찬, 돼지고기찬, 생선반찬, 계란류, 두부류 음식	불고기, 돈가스, 임연수구이, 계란채소말이, 두부부침	단백질
부 찬	채소 및 해조류	채소중심찬	김치볶음, 시금치나물, 모둠샐러드, 콩나물무침, 애호박볶음	비타민, 무기질
김 치	채소	김치류	배추김치, 깍두기, 나박김치	비타민, 무기질

양 념	기름, 장류, 설탕	열량 보충 간식	떡, 찐 감자, 옥수수, 핫케이크	지방, 당질
간 식	우유, 과일, 곡류	단백질 보충 간식	스크램블 에그, 두부완자	칼슘, 비타민, 무기질, 당질

(2) 필요한 영양소 공급을 위한 식품 구성을 계획한다

평균 영양 필요량을 충족시키기 위하여 식품의 종류와 양을 결정하고, 음식을 끼니별로 조합하여 식단을 구성한다.

- 영유아가 1일 섭취해야 할 식품의 종류와 양을 염두에 두고 먼저 주식을 밥과 빵, 국수, 일품음식 중에서 단위주기(1주일 혹은 10일 정도로 반복되는 주기)당 어떤 요일에 무엇을 몇 번 급식할 것인가를 정한다.
- 주식의 종류가 정하여지면 그에 따라 국이나 찌개 중 1가지, 구이나 볶음 혹은 조림, 튀김 중 1~2가지, 나물 1가지, 김치 1가지 등으로 식단을 구성하면 다양한 식단을 비교적 쉽게 구성해 볼 수 있다.
- 영유아들의 기호성을 고려하여 식품을 선택하도록 한다. 영유아기는 음식에 대한 기호가 분명하여 싫어하는 음식에 대하여서는 강하게 거부하므로 기호도에 대한 정확한 파악이 요구된다.

〈표 11-10〉 유아의 식품에 대한 기호도

음식의 종류/ 기호도	높 음	중 간	낮 음*
밥 류	쌀밥	밤밥	보리밥
면 류	짜장면	칼국수	비빔국수, 수제비
일품요리	김밥, 짜장면, 볶음밥, 계란덮밥, 잡채밥	오징어 덮밥	
빵 류	햄버거, 샌드위치	토스트	
국 및 찌개	미역국, 어묵국, 곰국, 계란국, 크림수프	감자국, 오징어찌개, 배추된장국	두부감자국

튀김, 볶음, 전	불고기, 돈가스, 닭튀김, 잡채, 계란 후라이, 오징어 볶음, 감자크로켓	감자볶음	호박전
조림, 찜, 구이	김구이, 햄구이, 닭볶음탕, 계란찜	생선구이	감자조림
생, 숙채, 김치	동치미, 배추김치, 깍두기 과일 샐러드, 감자 샐러드	채소 샐러드, 절임무채, 숙주나물, 콩나물무침	당근스틱, 가지나물, 시금치나물

※ 기호도가 낮은 음식은 기호도가 높은 음식과 함께 제공하여 섭취할 수 있도록 지도한다.

(3) 식단 목록표를 이용하여 1일 섭취하여야 할 식품을 중심으로 음식의 종류와 가짓수를 결정한다

반복되는 식단의 주기를 기본으로 하여 주식의 종류를 정하고 다음으로 부식을 고려한다. 어린이 급식관리 지원센터나 보육정보센터 등의 기관에서 제공되는 식단표는 1개월을 단위로 식단이 제공된다. 책정된 급식비를 고려하여 현실성이 있도록 구성하며, 동일한 식품이더라도 다른 조리방법을 선택하면 식단에 변화를 줄 수 있다. 이전의 식단표나 유아가 좋아하는 음식 목록 자료를 이용하면 편리하다.

〈표 11-11〉 식사구성안을 활용한 1,400kcal 유아(3~5세)용 식단의 예

식단 / 식품군별 권장횟수		아 침	오전 간식	점 심	오후 간식	저 녁
		오곡밥 건새우미역국 채소치즈달걀찜 우엉조림 배추김치	시리얼 우유	카레라이스 유부된장국 버섯탕수육 배추김치 사과	과일샐러드 우유	흑미밥 두부다시마국 고등어조림 애호박나물 총각김치
곡 류	3.3	오곡밥 130g(1)	시리얼 15g(0.3)	쌀밥 100g(0.8) 감자 15g(0.2)		흑미밥 130g(1)
고기, 생선, 계란, 콩류	6.0	건새우 5g(0.5) 달걀 50g(2)		유부 10g(0.5) 돼지고기 45g(1.5)		두부 20g(0.5) 고등어 30g(1)

채소류	7.0	미역 7g(0.5) 당근 3g(0.1) 파 3g(0.1) 우엉 13g(1) 배추김치 20g(1)		당근 10g(0.3) 버섯 8g(0.5) 배추김치 20g(1)	양상추 7g(0.2)	다시마 5g(0.3) 애호박 35g(1) 총각김치 20g(1)
과일류	3.0			단감 50g(1)	포도 50g(1) 사과 50g(1)	
우유, 유제품류	4.0	치즈 1/2장 10g(1)	우유 1/2컵 100ml(1)		우유 1/2컵 100ml(1)	우유 1/2컵 100ml(1)

- 유지·당류 : 조리 시 소량 사용함
  - 채소류 : 소금 5g 이하의 영양목표를 달성하기 위하여 가능한 한 싱겁게 조리
  - 과일류 : 식이섬유 섭취를 늘리기 위하여 주스보다는 생과일 제공 권장
  - 우유·유제품류 : 단순당질이 적게 함유된 제품 권장(맛우유 및 가당제품 제한)
  - 유지·당류 : 조리 시 사용되는 양도 섭취횟수 범위 내에서 사용
  - 나트륨 : 섭취를 줄이기 위하여 국, 찌개의 경우 건더기 위주로 섭취하도록 교육하고, 국그릇의 크기를 줄이거나 국물을 모두 먹도록 유도하지 않음

(4) 작성된 식단표를 검토한다

식단이 확정되면, 주식과 부식 및 간식의 중복 여부, 영양가, 식재료의 다양성, 원가 등을 검토한다. 교육내용을 중심으로 운동량이 많은 날은 열량의 공급이 충분하도록 준비하고 일손이 부족한 날은 일품음식으로 준비하면 조리 및 배식과 관련된 작업량을 줄일 수 있도록 한다.

〈표 11-12〉 식단 작성 후 평가사항

• 영양섭취의 균형을 위하여 다양한 식품군을 골고루 사용하였는가? • 식품의 구입 가능성과 가격을 고려한 계절 식품을 이용하였는가? • 각 식단에서 색, 맛, 질감, 형태, 조리방법, 온도 등의 대비가 이루어졌는가? • 식단이 완성되기까지 인력, 기구 등의 이용 가능성을 고려하였는가? • 특정한 식품이나 맛이 너무 자주 반복되지 않는가? • 작성자의 기호도가 지나치게 반영된 것은 아닌가? • 유아의 기호도가 반영되었는가? • 음식을 만들고 배식하는 데는 무리가 없는가? • 식사지도 내용과 교육과정을 고려하였는가?

(5) 식품섭취량 및 필요량 산출

식품별 필요량은 1인의 양×사람 수로 총량을 계산한다. 이때 식품의 폐기율과 조리에 의한 중량 및 부피의 변화를 고려하여 영유아에게 필요한 영양이 공급될 만한 식품의 섭취량 및 필요량을 산출한다.

3) 영유아의 간식

(1) 간식의 필요성

- 주식과 주식 사이에 공급하는 식사의 의미로 주식에서 부족한 영양소를 보충하기 위해서 필요하다.
- 영유아의 기분전환 및 피로회복의 목적과 심리적·정서적 충족감을 제공한다.
- 영유아의 영양보충 및 교육의 목적이 있다.

(2) 간식의 양

- 영유아의 연령, 체격, 소화능력, 식욕, 생활방식에 따라 다름 → 1일 에너지의 10~15% 수준으로 제공한다.

- 소화에 오랜 시간이 걸리거나 많은 양의 간식은 다음 식사에 영향을 미치므로 다음 식사까지의 2시간 정도의 간격을 두어 다음 식사의 양에 영향을 미치지 않도록 해야 한다.
- 에너지 필요 추정량 : 1~2세 영아 → 1,000kcal 3~5세 유아 →1,700kcal 영아기의 15%의 에너지를 2회에 나누어 제공한다.

(3) 간식의 내용

하루 세 끼 식사에서 부족한 영양소를 제공할 수 있는 식품 중심으로 구성한다.

3 급 · 간식과 올바른 식습관 태도

영유아기는 모든 성격의 형성은 물론 자아의 발달과 더불어 성장하면서 도덕적 규범과 예절이나 습관이 형성되는 시기이다. 이때 영유아는 급 · 간식 시간을 통해 올바른 식습관 태도를 형성하는 것은 무엇보다도 중요한 것이다. 이때 영유아들은 음식에 대한 받아들임과 거부의 의사가 분명해지면서 좋아하는 음식과 싫어하는 음식을 구분하기 시작하면서 식습관에 대한 편식을 하는 유아들이 나타나기도 하는데 이러한 현상은 대부분 가족환경에서 부모나 가족의 영향을 가장 많이 받는 것으로서 유아교육기관에서는 가정과 연계하여 영유아들에 대한 식생활 습관 태도나 편식의 지도에도 관심을 가져야 한다.

1) 올바른 식습관 지도

올바른 식습관 지도는 영유아들이 음식을 먹기 시작할 때부터 일상생활을 통하여 자연스럽게 이루어질 수 있도록 상황에 따라 개별적으로 지도해야 한다. 특히 유아교사나 부모가 모범을 보이는 것이 무엇보다도 중요한데, 대부분의 식습관행동은 가정에서 형성되는 경우가 대부분 이므로 올바른 식생활 지도는 무엇보다 부모의 역할이 매우 중요하다. 따라서 유아교육기관에서는 부모교육이나 가정통신문 등을 통하여 유아교육기관과 효율적인 의사소통을 통한 식생활 지도가 이루어질 수 있도록 해야 한다.

* 원아들의 식습관 지도는 매일매일의 즐거운 식사시간을 통해 꾸준히 이루어져야 하며 일상적으로 이루어져야 하는 식습관 지도 내용은 음식을 먹기 전후로 구분한다.

(1) 음식을 먹기 전

① 반드시 손을 씻는다.
- 손을 씻도록 지도하여 항상 손을 깨끗하게 유지하는 습관을 들인다.

② 식탁 및 의자를 바르게 놓고 깨끗이 한다.
- 음식을 먹는 자리가 깨끗하고 스스로 깨끗하게 유지하고 바르게 정리정돈하도록 지도한다(식후 자기 자리 밥풀 줍기 등).

③ 식탁 준비를 돕는다(도우미).
- 당번을 정하여 식사시간에 식판이나 수저를 놓아 준비를 돕게 함으로써 식사나 간식을 준비하시는 분들의 수고를 알고 식탁 준비를 돕는 습관을 익힌다.

④ 앉을 때에는 바른 자세로 앉는다.
- 바른 자세로 앉아서 음식을 먹을 준비를 하게 한다.

⑤ 감사하는 마음을 표현한다.
- '잘 먹겠습니다'라고 인사를 하여 음식에 대한 고마움과 음식을 준비하는 분들에 대한 고마움을 항상 잊지 않도록 한다.

(2) 음식 먹을 때

① 어른이 먼저 수저를 들고 나서 식사한다.

– 어른이 먼저 수저를 드신 후 수저를 들고 식사하는 것이 전통적인 예절임을 알도록 지도한다.

② 바른 자세로 먹는다.

– 바르지 않은 자세를 갖는 것은 소화에도 도움이 되지 않고 예의 바른 행동이 아님을 알게 한다.

– 교사는 항상 바른 식사태도로 모범을 보인다.

③ 그릇과 수저를 바르게 사용한다.

– 밥그릇, 국그릇을 손으로 들고 먹지 않으며 수저는 동시에 들고 먹지 않도록 지도한다.

– 식사 중 숟가락과 젓가락은 반찬그릇 위에 걸쳐놓지 않는다.

④ 반찬과 밥은 한쪽부터 먹는다.

– 반찬과 밥을 흩어서 먹지 않고 한쪽에서부터 차례로 먹도록 한다.

⑤ 꼭꼭 씹어 먹는다.

– 열 번 이상 씹는 습관을 들인다. 씹거나 마시는 소리 등 음식을 먹는 소리는 내지 않도록 지도한다.

⑥ 흘리지 않게 조절하며, 밥과 반찬을 편식하지 않고 골고루 먹는다.

⑦ 식사의 양을 적당히 조절한다.

– 어릴수록 적은 양으로 자주 먹는 것이 좋으며, 음식을 한꺼번에 많이 담는 것보다 다시 한 번 더 달라고 요구하게 하도록 하는 것이 좋다. 특히 비만인 유아일 경우 조금만 먹으라고 강요하지 말고 같은 양을 여러 번에 나누어 주어 먹게 하면 많은 양을 먹은 느낌이 들기 때문이다.

⑧ 음식을 입안에 넣고 소리를 내거나 말을 하지 않고 식사시간에 돌아다니지 않는다.

⑨ 떨어진 음식 등 더러운 음식물을 먹지 않고 적당한 시간 안에 먹는다.
- 간식시간은 15분, 식사시간은 30분이 적당하다.

⑩ 즐겁게 대화를 하면서 먹는다.

(3) 음식 먹은 후

① 입가에 묻은 음식물은 휴지로 깨끗이 닦는다.

② 감사하는 마음을 표현한다.
- '잘 먹었습니다' 하고 인사를 하도록 지도하면서 고마움의 인사에 익숙해지도록 한다.

③ 먹은 자리를 깨끗이 치운다.

④ 자신이 사용한 식기는 정해진 장소에 가져다 놓는다.

⑤ 식사 후에는 반드시 이를 닦는다.

⑥ 가정과 일관성 있는 내용의 지도가 반복적으로 이루어져야 효과가 크므로 가정에 협력을 구한다.

* 우선 영유아들이 일상적으로 먹는 음식의 종류 및 이름에 익숙해지도록 하며 음식의 특징 및 음식이 몸 안에 들어가서 몸을 자라게 하고 튼튼하게 도와준다는 것을 알게 한다.

- 매일 식당에 식사하러 가기 전 영유아들과 그날 식단에 대하여 이야기를 나눈다.
- 일상생활 속에 자연스럽게 행해질 수 있는 식사지도의 내용을 교사가 항상 염두에 두고, 그때그때 상황에 따라 개별적으로 적절히 지도해야 하는데, 특히 교사가 모범을 보이는 것이 무엇보다 중요하다.

실제 11-1 어린이집 급식관리 체크리스트

결재	담당	원장

1. 위생관리

기간 : 년 월 일 ~ 년 월 일

연 번	점검사항	월
1	위생복, 위생화, 앞치마, 위생모를 착용한다.	
2	배식 시 배식 진용기구, 마스크, 위생징갑을 사용하고 있다.	
3	작업 전 건강상태를 확인한다. (감기, 설사, 손 상처자 등 조리 금지)	
4	유통기간 확인 및 선입선출을 준수하고 있다.	
5	식재료 보관실은 항상 청결을 유지하고 있다.	
6	조리 후 관리 및 오염방지를 위한 조치를 취하고 있다.	
7	보존 식 보존 및 관리기준을 준수하고 있다. (배식 직전 소독된 전용 용기에 3/4 이상 채취하여 114시간 냉동 보관)	
8	식기류 및 조리기구의 세척, 소독을 철저히 하고 있다.	
9	쓰레기 및 잔반은 즉시 처리하고 있다.	
10	세제, 소독제, 살충제에 라벨을 부착하고 분리 보관하여 오염 또는 혼입을 방지하고 있다.	
11	방충, 구서 등을 위한 정기적인 방역 소독필증을 보관하고 있다.	

2. 식재료 관리

연 번	점검사항	월
1	식재료의 입고날짜를 기록한 라벨과 유통기한을 준수하고 있다.	
2	식재료 검수일지(또는 발주서)를 작성하고 보관하고 있다.	

3. 작업관리

연 번	점검사항	월
1	조리 후 2시간 이내 배식하고 있다.	
2	영양사가 작성한 식단을 사용하고 원산지 표시도 하고 있다.	
3	영양사나 교사는 검식 후 검식일지 작성 및 배식 점검을 하고 있다.	

4. 시설 · 설비 및 급식경영 관리

연 번	점검사항	월
1	조리장을 오염작업 구역과 비오염작업 구역으로 구분하고 있다.	
2	조리장 바닥과 배수로에는 물고임 및 냄새역류 방지 시설이 설치되어 있다.	
3	후드, 환풍기, 생수기, 자외선소독기가 설치되어 있고 청결하다.	
4	칼, 도마 등을 소독하는 소독시설과 위생적인 보관설비를 구비하고 있다.	
5	방충, 방서를 위한 적정 설비가 구비되어 있고 정기적으로 관리하고 있다.	
6	어린이집에서 직접 조리와 급식운영 계획서를 비치하고 있다.	
7	급식일지 작성과 급식 내용을 공개(실물전시, 홈페이지 게시 등)하고 있다.	

5. 검식일지

상 태 / 식 단	월			화			수……금		
	오전 간식	점심	오후 간식	오전 간식	점심	오후 간식	오전 간식	점심	오후 간식
속까지 완전히 익었는가?									
음식의 맛은 어떠한가?									
전체적인 조화는 잘 이루어졌는가?									
조치사항									

※ 좋음○ 보통△ 나쁨× 로 표시.

실제 11-2 식사예절 교육 사례

식사예절 교육 계획안(제자리에서 맛있게 밥을 먹어요)

<table>
<tr><td>활동명</td><td>식사예절 – 제자리에서 밥을 맛있게 먹어요!</td><td>활동유형</td><td>이야기 나누기</td><td>활동형태</td><td>대집단</td></tr>
<tr><td>대상연령</td><td colspan="3">만 5세</td><td>소요시간</td><td>40분</td></tr>
<tr><td>활동목표</td><td colspan="5">• 음식을 먹을 때 지켜야 하는 바른 태도가 있음을 안다.
• 자신의 경험이나 생각을 말로 표현할 수 있다.</td></tr>
<tr><td>누리과정 관련활동</td><td colspan="5">• 신체운동 · 건강 – 건강하게 생활하기 – 바른 식생활 하기 – 바른 태도로 식사하기
• 의사소통 – 말하기 – 느낌, 생각, 경험 말하기 – 자신의 느낌, 생각, 경험을 적절한 낱말과 문장으로 말하기</td></tr>
<tr><td>활동자료</td><td colspan="5">식사예절 그림자료 & PPT 자료, 동요 음원(냠냠), 가사판</td></tr>
<tr><td>활동방법</td><td colspan="5">〈도 입〉
1. 동요 '냠냠'으로 주의집중한다.
'냠냠' 노래를 함께 부르고, 관련 경험에 대해 이야기 나눈다.
– 친구들도 노래에 나오는 아이처럼 '싫어, 안 먹을 테야'라고 한 적이 있나요?
– 언제 그랬었나요? 왜 그랬었나요?

〈전 개〉
2. 원에서 점심식사 시간에 있는 일들을 회상하며 이야기 나눈다.
– 점심시간에 어떤 일들이 있었나요?
– 친구들이 밥을 먹는 모습은 어떤 것 같나요?
3. 음식을 먹을 때에는 어떻게 해야 하는지 이야기 나눈다.
– 음식을 먹을 때에는 어떤 태도로 먹어야 할까요?
– 바른 태도로 먹으면 어떤 점이 좋을까요?
– (그림이나 사진을 보며) 어떤 모습인 것 같나요?
– 어떻게 해야 할까요?
• 음식을 먹는 태도에 대한 그림
– 한꺼번에 많은 양을 먹는 모습, 바른 자세로 먹는 모습, 편식하는 모습, 밥 먹기 전 간식을 많이 먹는 모습, 골고루 먹는 모습, 돌아다니며 먹는 모습, 손으로 음식을 먹는 모습, 음식을 흘리며 먹는 모습, 음식을 먹기 전 손을 씻는 모습, 식사 후 양치하는 모습 등</td></tr>
</table>

<table>
<tr><td>활동방법</td><td>4. 우리 반 간식(점심) 시간의 특정한 문제 상황에 초점을 맞춰 이야기 나눈다.
- 점심시간에 자기 자리에 앉아서 먹지 않고 이리저리 돌아다니면서 먹는 친구들이 있는데 어떻게 하면 좋을까요?
- 음식을 손으로 먹는 친구들이 있어요. 왜 그럴까? 어떻게 식사를 하면 좋을까요?
- 밥을 먹지 않고 자리에 바르게 앉지 않는다면 어떤 일이 일어날까요?
5. 음식을 먹을 때 유아 자신은 어떻게 하는지 자신의 모습을 자유롭게 이야기 나눈다.
- 집, 식당, 원에서 식사를 할 때 어떻게 하나요?
- 어른과 함께 식사를 하면 어떻게 하나요?

〈마무리〉
6. 활동을 평가하고 바른 식사예절을 직접 실천해 보기로 약속한다.
- 오늘은 무엇에 대해 이야기 나누었나요?
- 음식을 바르게 먹는 방법은 무엇이었나요?
- 이야기 나누기를 하며 몰랐던 것을 알게 된 것이 있나요?
- 바르게 음식을 먹는 방법에 대해 이야기 나누며 어떤 느낌이 들었나요?</td></tr>
<tr><td>확장 및 연계 활동</td><td>언어영역에서 바르게 음식 먹기에 대한 약속을 함께 정해볼 수 있다.</td></tr>
<tr><td>평 가</td><td>• 음식을 바르게 먹는 방법과 태도에 대해 아는가?
• 올바른 식습관을 형성하는가?
• 자신의 경험과 생각을 적절한 말로 표현하는가?</td></tr>
<tr><td>유의점</td><td>• 매일 반복되는 일과 중 식사시간이나 간식시간에 바른 태도로 먹는 유아를 칭찬해 주고 유아들 스스로 바르게 먹을 수 있도록 격려한다.
• 올바른 식습관 형성을 지나치게 강조하여 음식에 대해 부정적인 감정을 갖지 않도록 주의하여 지도한다.</td></tr>
</table>

생활주제	즐거운 어린이집	활동명	식사시간의 예절
활동날짜	년 월 일	이 름	

♥ 식사예절의 바른 행동은 O, 바르지 않은 행동은 ×로 표시해 보아요.

줄을 서서 받아요 (   )

옆에 친구와 큰 소리로 이야기를 해요 (   )

스스로 깨끗이 먹어요 (   )

도시락을 들고 돌아다니며 먹어요 (   )

내가 먹은 자리를 정돈해요 (   )

손으로 음식을 먹어요 (   )

교사 Tip.

♥ 활동목표 : 올바른 식사 예절을 이해하고 실천해 볼 수 있다.
♥ 활동방법 : 1. 바르게 앉아 식사하는 예절을 회상하여 보고 이야기 나눈다.
2. 활동방법을 소개하고 유아가 활동을 할 수 있도록 한다.
3. 활동 후 자신이 경험했던 식사 예절을 이야기 나누며 평가해 본다.
♥ 유의점 : 글을 잘 읽지 못하는 유아는 교사의 도움을 받아 할 수 있도록 한다.

활동명	예쁜 손 고운 손	활동유형	이야기 나누기	활동형태	대집단
대상연령	만 4세			소요시간	40분
활동목표	• 손 씻기의 중요성과 올바른 손 씻기 지도를 통해 급·간식 전 손을 깨끗하게 씻고 식사를 할 수 있는 태도를 형성한다.				
누리과정 관련활동	• 신체운동·건강 – 건강하게 생활하기 – 몸과 주변을 깨끗이 하기 – 스스로 몸을 깨끗이 하는 습관을 기른다. • 의사소통 – 말하기 – 느낌, 생각, 경험 말하기 – 자신의 느낌, 생각, 경험을 적절한 낱말과 문장으로 말하기 • 자연탐구 – 수학적 탐구하기 – 수와 연산의 기초 개념 알아보기 – 열 개가량의 구체물을 세어보고 수량을 알아본다.				
활동자료	손씻기 노래 음원(동영상 자료), 손 씻기 순서 그림 & PPT자료				
활동방법	〈도 입〉 1. 노래 : 손 씻기 송 노래를 부르며 주의집중한다. – 손을 씻지 않고 먹었던 경험에 대해 이야기 나눈다. – 손을 씻지 않고 급·간식을 먹으면 어떤 일이 일어날까요? – 더러운 손으로 먹으면 기분이 어떨까요? – 왜 손을 깨끗이 씻어야 할까요? 〈전 개〉 2. 손을 씻어본 경험을 이야기 나눈다. – 친구들이 손을 씻어본 경험이 있었나요? – 어떻게 손을 씻었나요? 손을 씻고 난 후 기분이 어땠나요? 3. 손을 씻어본 것을 유아들이 신체 표현으로 나타내어 본다. – 어떻게 손을 씻었나요? 수도는 손을 씻을 때 어떻게 했나요? – 비누를 사용할 때 어떻게 사용을 했나요?				

활동방법	4. 준비된 자료(PPT & 그림자료)를 보며 손 씻기 순서를 알아본다. - 그럼 친구들과 함께 올바른 손 씻기 방법을 알아볼까요? 5. 손 씻기 카드를 준비 유아들이 손 씻는 순서에 맞게 활동판에 붙여보며 활동을 해본다. - 손을 씻을 때 가장 먼저 해야 할 일은 어떤 일이 있을까요? - 왜 옷 소매를 걷어야 할까요? - 비누를 사용하지 않고 손을 씻는다면 어떻게 될까요? - 비누는 사용 후 어떻게 해야 할까요? - 손을 깨끗하게 닦지 않는다면 어떤 일어날까요? 〈마무리〉 6. 활동을 평가하고 올바른 손씻기 지도에 따라 손을 씻을 수 있도록 한다. - 손씻기 방법을 알아보니 친구들이 손을 씻었던 방법과 다른 점이 있나요? - 올바른 손씻기 방법을 친구들이 잘 알고 있으니 오늘부터는 손을 씻을 때 깨끗하게 씻을 수 있도록 할까요?
확장 및 연계 활동	수, 과학 : 깨끗한 손 더러운 손
평 가	• 손 씻기의 중요성을 알고 올바른 손 씻기 방법을 잘 이해하고 있는가? • 수돗물과 비누 사용법을 잘 이해하고 있는가?
유의점	• 수도 물과 비누를 아껴서 사용할 수 있는 태도와 손을 씻을 때 질서를 지켜 활동을 할 수 있도록 한다.

CHAPTER 12

유아교육기관 급식시설 · 설비 및 위생관리

1. 급식시설 위생관리
2. 유아교육기관 급식시설 설비
3. 영유아 급 · 간식 시설의 식당 위생관리
4. 유아교육기관 급식시설의 식품관리
5. 유아교육기관 식품위생관리를 위한 검식 보존과 배식

CHAPTER

12 유아교육기관 급식시설 · 설비 및 위생관리

1 급식시설 위생관리

유아교육기관에서 제공되는 급·간식은 직접 조리하여 제공하는 것을 원칙으로 하기 때문에 식자재를 위생적으로 관리하는 것은 영유아들의 건강유지를 위해 매우 중요한 일이다. 모든 식자재는 반드시 신선한 것을 구입하여 유통기간을 준수하고 적절한 장소에 보관하여 위생적으로 조리과정과 배식과정 모두 문제(식중독)가 발생되지 않도록 하여 사전에 모든 것을 예방해야 하며, 영유아들의 신체적 성장과 건강의 유지를 위해 모유·우유, 마실 물 등을 관리 보관할 수 있는 과정과 장소도 위생적으로 관리해야 한다.

1) 유아교육기관에서 바람직한 위생관리를 위해 필요한 기본 사항

- 신선한 것을 준비하여 소비기간 구입날짜 등을 표기하고 유통기간을 준수하여야 한다.
- 공공기간이나 사회복지관 안에 설치된 유아교육시설의 경우 건물 안에 있는 조리실을 함께 사용할 수 있다(유치원과 같이 설치되어 있을 시 같이 사용 가능하다).

- 각 식자재의 보관 방법을 확인한 후 그에 알맞게 냉장, 냉동, 실온 보관하여 선입선출 한다.
- 남은 음식이나 유통기간이 지난 식자재는 반드시 폐기하고, 우유 등과 같이 쉽게 상하는 식품이 장시간 상온에 노출되는 일이 없도록 하여야 한다.
- 영유아들이 마실 물은 항상 청결하게 하여 양유아들이 원할 때 쉽게 마실 수 있도록 하고 정수기 꼭지와 필터는 정기적인 위생관리가 이루어지도록 한다.
- 영아반(만 0~1세) : 영아를 위한 모유나 우유를 꼭 냉장고에 보관하고, 분유는 습기가 없는 곳에 보관하여야 한다(먹다 남은 우유나 모유는 바로 버리도록 함)(보육사업안내, 2014).

(1) 위생관리를 위한 식품안전의 개념 및 중요성

영유아는 성인에 비하여 소화기능과 면역력이 약하기 때문에 식중독 발생과 식품안전 사고의 발생 위험성에 노출이 많다. 따라서 부드러우며 영양소 함량이 높고, 수분함유량이 높은 음식을 제공한다. 특히 온도와 습도가 높을 경우 식중독 같은 위험을 사전에 방지하기 위해서는 식재료의 선택에서부터 조리 전 과정에 각별한 주의가 요구된다.

① 식품안전의 중요성

급·간식에서 영유아들의 식품은 구매, 운반, 조리, 배식 과정에서 올바른 위생관리가 아주 중요한 부분이다. 조금이라도 소홀히 하여 영유아들의 급·간식에 식품의 오염과 변질로 인한 질환이 발생한다면 사전에 이를 방지하는 것이 매우 중요하고 꼭 필요하다.

② 급·간식 부주의로 발생될 수 있는 식중독

급·간식 식사를 제공하는 영유아들이 단체식사 시에 유해한 미생물이나 유독 물질에 의하여 오염된 식품의 섭취로 인해서 발생하는 질환을 식중독이라 하는데, 식중독은 5~9월에 가장 많이 발생하나 최근에는 겨울철에도 바이러스성 식중독이 증가하는 등 계절에 구분 없이 기온 35℃ 이상인 날 음식물을 방치할 경우 3~4시간 경과하면 식중독 발생이 대단히 우려되므로 식품취급에 특별히 주의한다. 식중독이 발생하면 두통, 복통, 구토, 설사, 구역질, 피로감, 탈수, 발열 등의 증상이 있을 수 있으며 심한 경우에는 사망에 이를 수도 있으므로 식중독 증상이 발생했을 경우에는 반드시 의사의 지시에 따라 조치하도록 한다(유치원 급식 운영 관리 지침서, 2012).

• 식중독 증상 조치 시 주의사항

구토나 설사 등 식중독 증세를 보이는 유아에게 임의로 약을 먹어 증상을 강제로 멎게 하는 것은 증상과 예후를 더욱 나쁘게 할 수 있으므로 빈드시 의사의 지시를 따르도록 한다.

2 유아교육기관 급식시설 설비

영유아 단체 급식을 실시하고 있는 유아교육기관 급식시설은 안전성 확보를 위해 위생적이고 청결하게 급·간식을 제공할 수 있도록, 그리고 안전하게 조리 제공될 수 있는 급식시설·설비가 갖추어져 있어야 하며, 비상사태를 대비하여 영유아들의 안전을 위한 기본적인 시설·설비를 준비하고 있어야 하고, 원장 및 급식을 조리, 제공하는 교직원은 유아교육기관에서 식중독 환자가 발생하지 않도록 위생관리를 철저히 하여야 한다.

1) 급식소 위치 및 구조

급식소는 지상에 위치하는 것이 바람직하나, 부득이하게 지하 및 반지하에 위치할 경우 환기시설, 배수, 조명 등이 원활하며 외부인의 통제가 가능한 곳이어야 한다.

또한 모든 건축자재는 식품의 안전 및 위생에 나쁜 영향을 미치지 않는 내화성, 내수성, 내구성이 있는 재료를 사용하고, 음식 조리와 배선에 필요한 설비기구의 크기 등을 감안하여 결정하되, 위생적인 급식작업을 위하여 작업 흐름에 따라 공간을 구분하여 교차오염을 예방하기 위해서 전처리실, 조리실 및 식기 세척실 등을 벽과 문 또는 작업구역 표지판을 이용하여 전처리실과 식기 세척실 일반구역으로 정하고, 조리실은 청결구역으로 구분하여 관리하는 것이 편리하고 효율적이다.

2) 급식소를 위한 시설 · 설비

(1) 조리실 안전 및 위생 시설 · 설비

조리실 시설 · 설비에는 급식위생을 위해 교직원의 위생관리, 급식재료 관리, 식품, 먹는 물 관리 등에 대하여 살펴볼 수 있다.

① 시설 · 설비 급식위생

- 급식작업을 위해 먼저 작업의 흐름에 따라 효율적인 공간으로 나누어진다.
- 필요한 설비 · 식자재 및 식품 관련 기구를 능률적으로 배치하고, 공간과 면적을 배치한다.
- 조리실의 온도 조절을 위해 적당한 냉 · 난방 시설을 준비하고 조리사는 급식을 위한 검수 · 전처리 · 조리 · 세척작업 순이 효율적으로 이루어지도록 위생적이고 청결하게 정리한다.

조리실 내부의 모습

- 조리실의 구획 · 구분은 조리 및 배식 등의 작업을 위생적으로 하기 위하여 벽과 문을 이용하여 조리실, 전처리실 및 식기구 세척실로 나누어지는데, 전처리시설에서는 급식에 사용되는 식재료를 다듬고 썰고 씻는 작업을 공정하게 하는 곳이다.

- 100인 이하 급식을 제공하는 경우에는 조리실을 제대로 갖추고 있지 못한 경우 반작업과 청결작업으로 분리하여 교차오염을 방지할 수 있도록 필요한 조치를 취할 수 있도록 하고, 이때 조리실의 조명은 220룩스(lx) 이상이 적합하다.
- 급식실 내 조리실은 항상 청결을 유지하되 정기적으로 식기, 도마, 칼, 행주, 그 밖에 주방 용구를 세척, 살균 및 소독하고 『급식관리 위생안전 체크리스트』를 참고하여 매일 위생 점검을 실시하는 등 위생관리를 철저히 하여야 한다.
- 어류, 육류, 채소류를 취급하는 칼, 도마는 각각 별도로 구분하여 사용하여야 한다.

② 급식재료 관리, 식품

- 조리실, 식품 등의 원료 및 제품 보관실 등에 대하여서는 교직원 및 유아교육기관에서 정기적으로 소독을 실시하고 청결하게 정기적으로 관리하도록 해야 한다.
- 조리 전, 후 식재료 및 음식 상태를 점검하는 등 위생관리를 철저히 하고 화기기구 사용에 유의하여 안전사고가 발생하지 않도록 해야 한다.
- 식품과 소모품은 별도로 구분하여 보관하되 여건상 부득이 함께 보관할 경우에 섞이지 않도록 분리 보관하고 식품과 소모품의 품명, 용도 등을 표시하도록 한다.
- 유통기한이 경과되거나 상한 원료 또는 완제품을 조리할 목적으로 보관하거나 이를 음식물의 조리에 사용하여서는 아니 되며, 이미 급식에 제공되었던 음식물을 재사용하면 안 된다.
- 부패, 변질이 쉬운 식품 등 원료 및 제품은 냉동·냉장시설에 철저하게 보관한다.
  ※ 냉장고 확보 및 음식물류 사전검사, 유통기한 경과 등 유의

③ 음용수 관리

- 영유아와 보육교직원의 건강, 위생관리를 위하여 상수도, 간이상수도를 사용하는 경우에는 물을 끓여서 사용하도록 한다(정수 장치를 사용하는 경우에는 정기적인 필터교환 등으로 수질 관리).

- 유아교육시설에서는 물은 먹는 물로 사용할 수 있도록 설비해야 하며, 냉・온수 공급이 되어야 하고 급수배관은 필요시 청소가 용이하고 응결수가 발생하지 않도록 단열재 등으로 보온 처리가 되어 있어야 한다.

(2) 바닥 및 배수로

- 바닥은 내수처리가 되어 있어야 하고, 물이나 기름이 있는 경우 미끄러져 사고 위험이 있으므로 안전을 위하여 가급적 미끄럽지 않은 재질이어야 한다.
- 바닥과 배수로에 물이 고이지 않도록 적당한 경사를 주어 배수가 잘 되도록 한다.
- 바닥이 파손되었을 경우에는 즉시 보수하여 틈, 깨진 자국이 없어야 한다.

※ 건조한 영역일 경우 배수로가 없어도 됨

바닥 배수로의 모습

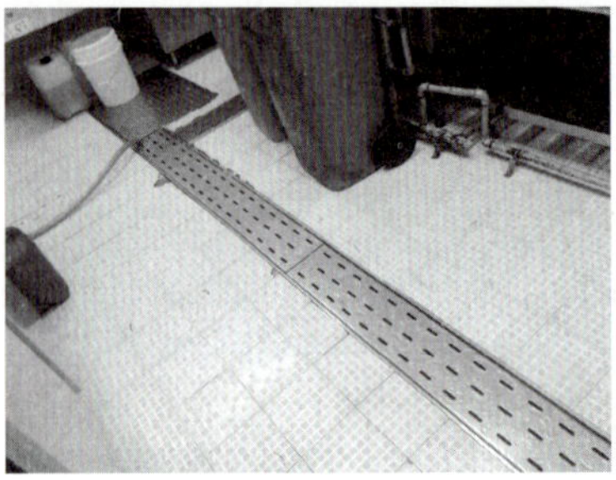

(3) 출입구

- 조리실과 식품보관실의 문은 분리하여 설치하고, 해충 및 쥐가 침입할 수 없도록 방충망 등을 적절하게 설치한다. 이때 방충망과 에어커튼 등을 설치하는 것도 좋다.
- 조리실 출입구에 신발 소독을 위한 전용 발판 소독조와 손 세척시설을 갖추도록 한다.

출입구

(4) 벽 · 천장 · 조명

- 벽과 천장은 세척 가능한 내수성, 내화성이 높은 자재와 구조로 설치한다.
- 천장의 높이는 바닥에서부터 3m 이상이 바람직하다.
- 조명은 식품들 색깔을 잘 구분하여 볼 수 있도록 잘 선택하여 사용하고 대략 검수 장소는 540룩스 정도 조도를 유지하여 육안으로 청결이 확인 가능하도록 색상이 밝아야 한다.

벽/ 천장의 모습

(5) 창문 · 세척실 및 배수 전처리실

- 조리실 내에 설치된 창문은 가급적 개방하지 않는다.
- 창문을 열고 사용할 경우 해충의 침입을 막기 위하여 반드시 방충망을 설치, 조리실의 구획 · 구분을 하며 조리 및 배식 등의 작업을 위생적으로 하기 위하여 벽과 문을 이용하여 조리실, 전처리실 및 식기구 세척실로 나눈다.

세척실	전처리실의 모습

(6) 손 세척 및 손 소독시설

- 손에 의한 오염을 막기 위해 손 세척시설이나 손 소독시설을 설치한다.
- 100인 이상에게 급식을 제공하는 경우는 손 세척 및 손 소독시설을 모두 설치한다.

손 소독시설	청결을 위한 구역의 모습	
	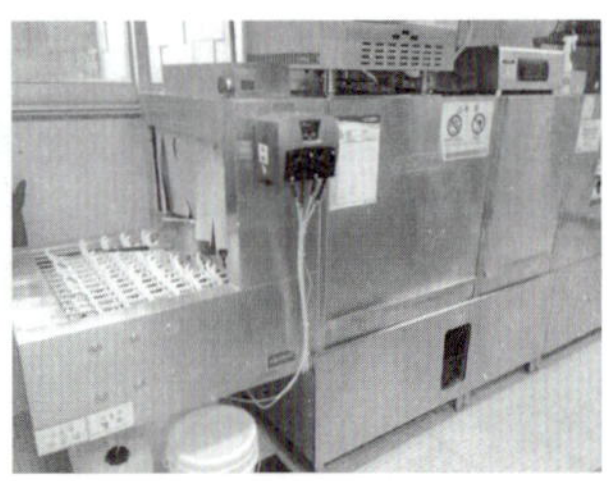	

(7) 환기 및 냉 · 난방시설

조리실의 냄새 등을 배출시키고 조리실의 적정온도를 유지시킬 수 있는 환기시설을 갖추기 위해 조리실의 온도관리가 용이하도록 냉 · 난방시설을 갖추거나 적절한 조치를 취한다.

(8) 가스 시설

연료를 무엇을 사용하느냐에 따라 달라지지만 가스누출 감지기를 필수적으로 설치하여 LPG 경우 감지기가 바닥에서 30cm 이내에 설치되어야 한다.

환기 및 냉난방시설	가스시설

3) 식품 · 소모품 보관실

- 환기 방습이 용이하며 식재료를 위생적으로 보관할 수 있는 곳이어야 한다.
- 해충 및 쥐의 침입을 막을 수 있는 방충망 등 적절한 설비를 갖추어야 한다.
- 환기시설이나 환기창 등 통풍을 위한 적절한 시설이나 조치를 취하여야 한다.

※ 식품과 소모품은 별도로 구분하여 보관하되 여건상 부득이하게 함께 보관할 경우에는 서로 섞이지 않도록 분리 보관하고 식품과 소모품의 품명, 용도 등을 표시한다.

4) 급식용 점심용품

점심용구는 영유아용 식판, 국그릇, 영유아용 수저나 포크, 물컵, 수저통 등으로 영유아용 수만큼 필요하며, 멜라닌이나 스테인리스 재질로 된 것이 좋다.

5) 급 · 간식용품

간식용구는 간식접시, 우유 컵, 쟁반, 영유아용 수저나 포크, 간식 바구니, 과일용 칼, 강판 등으로 필요한 만큼 구입해야 하며, 멜라닌이나 스테인리스 재질로 된 것이 좋다.

급식용 식판	간식용 그릇

출처 : 하이키친.

3 영유아 급 · 간식 시설의 식당 위생관리

여성들의 사회참여도가 갈수록 증가하면서 영유아들은 가정에서 보내는 시간보다 유아교육기관에서 보내는 시간이 많아지게 되었고, 따라서 영유아들이 유아교육기관에서 오랜 시간 머물게 되면서 영유아들에게 적절한 영양공급과 함께 급식환경의 위생관리는 무엇보다 중요하게 대두되었다. 따라서 급식환경에서 식재료, 조리시설 및 기구 등이 모두 음식의 오염원이 될 수 있으므로 식재료의 품질을 최적으로 유지하면서 위생적으로 저장할 수 있도록 적절한 관리를 해야 하며 올바른 식재료 보관과 더불어 청결한 조리과정과 배식이 이루어져야 한다. 오염이 영유아에게 배식되는 급·간식으로 전달되지 않도록 급식환경 위생관리를 철저히 하여 식재료 입고 시부터 정장, 전처리, 조리, 운반 및 배식단계에 이르기까지 온도와 시간 관리를 준수하고 개인위생을 철저하게 실천함으로써 안전한 먹거리를 제공해야 한다. 다음은 급식단계인 시설 및 기구의 위생관리와 작업위생관리, 개인위생관리에 대해서 구체적으로 살펴보고자 한다.

1) 영유아 급·간식 시설의 위생관리

- 싱크대는 매 사용 시 거름망 찌꺼기 제거 후 수세미와 세척제를 이용하여 세척제로 개수대 내·외부를 세척 후 흐르는 물에 헹군 후 소독한다.
- 조리대는 수세미를 이용하여 세척제로 세척 후 흐르는 물에 헹구며 200ppm 치아염소산 나트륨제를 사용하여 소독 세척한다.
- 식기세척기는 1일 1회 청소를 하며, 먼저 세척기 작동을 정지한 후 오물여과 받침과 커튼 등을 분리해 세척제로 세척 후 '기구 등의 살균소독제'를 용법·용량에 맞게 사용하여 소독하고, 제거제를 넣어 1시간 가동(공회전) 후 건조 및 환기를 위해 옆면은 열어둔다.
- 주방의 바닥은 빗자루로 쓰레기 제거 후 세척제를 뿌린 뒤 대걸레나 솔로 바닥 청소 후, 호스로 물을 끼얹어 세척액을 제거하고 끌개로 바닥의 물기를 깨끗하게 제거하며 '기구 등의 살균소독제'를 사용하여 소독해야 한다.
- 배수구 관리 시 배수로 덮개를 걷어낸 후 배수로 덮개는 세척하고 깨끗한 물로 씻어낸 후 '기구 등의 살균소독제'로 소독하며, 호스의 분사력을 이용하여 배수로 내 찌꺼기를 제거 후 솔을 이용하여 닦은 후 물로 씻어내며 배수구 뚜껑을

열고 거름망을 꺼내어 이물질을 제거하고 거름망과 뚜껑 내부를 세척제로 세척 후 물로 헹군다. 거름망 또한 소독한 후 배수로 덮개를 덮는다.

- 배기후드는 청소 전 후드 아래의 조리 기구는 비닐로 덮어두며 후드 내 거름망을 떼어내 거름망은 세척제에 불린 후 세척하고 수세미에 세척제를 묻혀 후드 내·외부를 닦는다. 이후 세척제를 잘 닦은 후 마른 수건으로 닦아 건조시킨다.
- 유리창 창틀은 세척제를 적신 수세미와 청소용 수건을 사용하여 깨끗한 물에 적셔 닦은 후 그대로 건조하거나 여분의 물기나 얼룩을 제거하려면 청소용 마른 수건을 사용한다.
- 조리실 천장은 전기함 차단 및 조리 기구를 비닐 등으로 덮고 솔 등을 사용하여 먼지 및 이물을 제거하며 청소용 수건을 세척제에 적셔 닦아내기도 한다. 이후 청소용 수건을 깨끗한 물에 적셔 닦은 후 그대로 건조한다.
- 세면대는 세면대 배수구에서 찌꺼기 제거 후 세척제로 수도꼭지를 포함한 표면을 세척 후 헹구어 내며 세면대 주위에 있는 거울, 손 소독기 등 표면도 세척한다.

2) 영유아 급·간식 시설 기구의 위생을 위한 소독

소독이란 병원미생물을 죽이거나 또는 반드시 죽이지는 못하더라도 활동하지 못하도록 감염력을 억제하는 것으로, 소독은 미생물의 오염을 방지하기 위해서 사용한다. 소독의 종류에는 물리적 소독과 화학적 소독으로 나누어지며 물리적 소독법에는 저온살균법, 자비소독, 증기소독, 쉼멜부시소독, 건열멸균법, 소각화염법, 자외선소독법이 있고, 화학적 소독법에는 승홍수, 석탄산수, 크레졸수, 포름알데히드, 알코올, 계면활성제(비누), 과산화수소의 소독을 예로 들 수 있다.

3) 영유아 급·간식제공에서 작업위생관리

작업 시 모든 처리과정은 안전하고 청결하게 식재료를 저장하고 보관할 때는 오염 또는 세균의 감염으로 인한 식중독의 발생을 억제하고 영양가의 손실을 최소화할 수 있도록 하고, 식재료는 건조, 냉장·냉동 보관하는 동안 미생물의 오염방지를 위해 시간 및 온도 관리를 철저히 한다. 더러워진 포장이나 개봉되거나 찢어진 포장 또는 그 외의 오염을 미연에 방지하는 전처리 과정부터 해동과 세척, 조리, 배식, 보존식에 이르기까지 저장소의 온도와 더불어 습도 기준을 준수하며 청결하고 깨끗하게 이루어져야 한다.

4) 교직원의 위생관리

조리실 직원(영양사, 조리사, 취사부)은 복장 및 위생적인 손 관리 또는 위생관리, 위생복, 위생화, 위생모, 위생복 착용은 필수이며, 조리실과 외부에서 입는 옷은 구분해 주고, 신발은 미끄럼방지용으로 비치하며, 외부충격 보호용 위생모 착용으로 머리칼이 나오지 않게 하고, 손톱은 짧게, 로션은 바르지 않는 것이 좋으며, 피부 상처 여부 등 업무 전후 위생 상태를 수시로 체크하여 확인한다. 또한 조리 시 마스크를 착용하면 위생적이다.

(1) 건강관리

조리종사자들은 급식법 시행규칙 제6조 제1항에 따라 6개월에 1회 이상의 건강검진 매년 1회 만료일자 전에 정기적인 건강검진을 받아야 하고 검진결과 소화기계 전염병 환자 및 보균자(제1종 전염병), 결핵환자, 피부병 및 화농성 질환자, 후천성 면역결핍증(AIDS) 환자 등은 조리에 직접 관여하지 않도록 해야 한다.

(2) 작업 전 건강상태

조리사는 작업 전 자신의 건강 상태를 인지하고, 이상이 있는 경우[설사, 발열, 복통, 구토 증상이 있거나, 손, 얼굴에 상처, 전염병(콜레라, 이질, 장티푸스 등) 보균자가 있거나 발병한 경우가 있는 자는 법정 상위 책임자에게 보고하여 완치될 때까지 조리작업에 직접 참여시키지 않으며 손에 상처나 종기가 있는 사람은 식품의 취급을 제한한다.

(3) 작업 전 바르게 개인 관리

출근한 후 조리사의 복장으로 머리는 단정하게 청결히 묶고, 모자는 귀와 머리카락이 보이지 않게 착용한 다음, 지나친 화장과 향수는 삼가며, 가능한 한 얼굴에 부착물 사용을 금하고 목걸이, 귀걸이 등 장신구 착용을 금하고 마스크를 코까지 덮는다.

앞치마는 세척·소독 후 청결을 유지하여 전처리용, 조리용, 배식용, 세척용(색깔)으로 구분하여 사용한다.

상의·토시는 흰색이나 옅은 색상의 면소재로 목둘레나 소매단이 늘어지지 않은 것을 착용하며 매일 세척 후 건조하여 착용하고, 하의는 몸에 여유가 있는 복장을 외출복과 구분하여 보관·관리한다.

신발은 신고 벗기 편리하고 미끄럽지 않은(흰 장화) 모양과 재질을 선택하고 외부용 신발과 구분하여 착용한다.

〈표 12-1〉 조리 시 조리사가 조심해야 할 행동과 손을 씻어야 할 경우

조리 시 조리사가 조심해야 할 행동	조리사가 손을 씻어야 할 경우
• 조리 시 손으로 머리를 긁는 행동 • 조리 시 음식을 먹거나 차를 마시고, 담배를 피우는 행동 • 조리 시 손가락으로 맛을 보거나 한 개의 수저로 여러 가지 음식을 맛보는 행동 • 손 씻은 후 물기를 앞치마나 위생복에 문질러 닦는 행동 • 맨손으로 조리된 식품을 만지는 행동	• 사람의 손은 끊임없이 무엇인가를 만지거나 집거나 만들고 있기 때문에 각종 세균에 가장 많이 노출되어 있음 • 결과적으로 자신의 입이나 눈, 코를 통해 병균을 감염시킬 뿐 아니라 자신이 만진 물건이나 음식을 통해 다른 사람에게도 병을 옮길 수 있음 • 올바른 손 씻기를 통해서 손에 있는 세균의 숫자를 줄여주기만 해도 질병예방이 가능함

4 유아교육기관 급식시설의 식품관리

영유아기는 민감한 시기라서 유아교육기관에서 제공하는 식재료는 반드시 신선한 것을 구입하여 유통기간 내에 적절히 보관하여 영유아의 신체적 성장의 건강과 발달에 해로운 영향을 미치지 않는 식재료를 제공하여 위생적으로 보존하고 저장하여야 한다.

1) 급·간식 식품의 보존과 저장

- 급·간식식품의 보존이란 식품자원을 최대한으로 이용하는 것으로 식품의 가식부분의 낭비를 없애거나 최소한으로 하는 것을 의미한다. 우리나라에서 1995년에 쓰레기 종량제 실시 이후 음식물 쓰레기의 양이 해마다 감소하고 있으나 아직 20%를 넘어 미국의 10%의 2배에 달하고 있다.
- 가정과 음식점에서 조리 과정 중 식품을 다듬고 버리는 식품 쓰레기(42.9%), 먹고 남긴 음식물 찌꺼기, 보관했다가 그냥 버려지는 식품폐기물(28.2%) 등이다. 또 필요 이상으로 너무 많이 차린 식단으로 인해 먹고 남은 음식, 너무 많은 식품을 구매해서 유통기간이 초과된 식품(28.2%), 부주의로 변질된 식품 등이 폐기된다.

2) 합리적인 식품 및 식재료 보관 방법

급·간식 제공 시 식품이 상하거나 질적으로 손실되는 것을 막기 위한 방법으로는

첫째, 모든 식품을 적합한 장소에 잘 보관하여 질을 보존하고 먹기에 안전하도록 유지하며,

둘째, 큰 포장이 되어 있는 식품은 소량으로 나누어 보관하며,

셋째, 장기간 보관할 음식은 날짜를 기록하여 각 식품의 특성에 맞게 보관하여 낭비를 줄이고 식품으로 인한 질병을 예방하도록 한다.

3) 식재료 저장 방법의 종류

(1) 식자재 및 식품의 보관

첫째, 유아교육기관 급식시설의 관리 식자재 및 식품의 보관은 책임자를 지정하여 관리하도록 하고 관계자 이외의 출입을 제한하도록 하여야 하며 항상 종류와 수량을 정확하게 파악할 수 있도록 대장을 비치하고, 식품보관실에 보관되는 식품은 장기보관식품(통조림, 곡류, 건어물)과 단기 또는 일시 보관식품(채소류, 감자류, 곡류) 등을 구분하여 보관하며 통풍, 환기, 채광, 온도, 습도 조절에 유의해야 한다.

반드시 방충, 방서시설, 통풍구를 설치하고 식품이 아닌 급식기구 소독제, 세제, 살충제, 청소도구 등을 함께 보관하는 일이 없도록 하여야 한다.

둘째, 유아교육기관 급식시설의 관리 식자재 및 식품의 보관은, 항상 정리정돈 상태를 유지하도록 하며 정기적으로 점검을 실시하여 식재료의 이름, 포장상태, 유통기한, 개봉일, 수량 및 냉장식품은 5℃온도 기준을 준수하고, 냉동식품은 언 상태를 유지한다. 전 처리된 채소는 10℃ 이하(일반채소는 상온, 신선도 확인)의 온도에서 보관하며 이하 원산지 표시 등을 확인하고, 기록한다.

셋째, 유아교육기관 급식시설의 관리 식자재 및 식품의 보관은 검수기준에 부적합한 식재료는 자체규정에 따라 반품 등의 조치를 취하도록 그 조치 내용을 검수일자에 기록, 관리하며, 외부포장 등의 오염 우려가 있는 것, 곡류, 식용유, 통조림 등 상온에서 보관 가능한 것을 제외한 육류, 어패류, 야채류 등의 신선식품은 당일 구입하여 당일 사용을 원칙으로 하며, 보관상태별로 색을 달리하여 눈에 띄게 표시함으로써 보관을 용이하게 한다.

넷째, 냉장시설의 온도는 5℃ 이하로 하고 상하기 쉬운 재료는 3℃ 전후로 유지하도록 한다. 온도계는 냉장고의 가장 따뜻한 부분에 설치하고 5±1.5℃ 범위를 유지하도록 하며, 냉동저장은 -18℃ 이하의 온도에 저장하는 방법으로 냉동고 문 앞에 물품목록표를 붙여두고(선입선출), 먼저 냉동식품이나 미리 식힌 음식물만 냉동실에 저장하도록 하며, 가열한 음식을 식히기 위해서는 사용하지 않아야 한다.

다섯째, 건조저장은 상하지 않은 식품을 온도 15~21℃, 습도 50~60%에서 장기간 저장하는 방법 적절한 환풍으로 식품의 품질을 유지하고 해충을 방지하여 건조저장 식재료들이 수분에 노출되어 본래의 맛과 향을 잃고 부패할 우려가 높아지지 않도록 선입선출의 순환방법이 사용될 수 있도록 저장해야 하며 음식물을 담은 용기의 뚜껑은 꼭 닫고, 식품을 바닥에 놓지 않아야 한다.

〈표 12-2〉 식재료의 저장 시 준수사항

〈식재료의 저장 시 준수사항〉

- 식품과 비식품(소모품)은 구분하여 보관한다. 세척제, 소독제 등은 별도 보관한다.
- 직사광선을 피해 온도 15~23℃, 습도 50~60%를 유지한다.
- 식품보관선반은 바닥으로부터 15cm 이상의 공간을 띄어 놓아 청소가 용이하도록 한다.
- 개봉하여 일부 사용한 제품류는 깨끗한 용기에 담아 표시사항(개봉한 날짜와 원산지, 제조업체 등)을 표기한 후 보관한다.
- 대용량 제품을 나누어 보관하는 경우 제품명과 유통기한을 반드시 표시한다.
- 유통기한을 기준으로 정리·정돈하여 선입선출이 용이하도록 한다.
- 외포장 제거 후 보관하며 식품은 항상 깨끗한 정리정돈 상태를 유지한다.

4) 식재료 분류별 보관 및 저장

(1) 곡류의 저장

곡류는 상온에서 저온저장 방법으로, 즉 해충의 피해를 막으려면 15℃ 이하의 상대습도를 70~80% 정도로 건조시켜, 자연 상태의 온도나 습도(습도 50~60%)는 잘 조절 하여 건조시켜 서늘하고 통풍이 잘 되는 위생적인 용기에 보관한다.

(2) 채소류의 저장

채소는 먹을 수 없는 부분을 제거한 후 흐르는 물에 3회 이상 깨끗이 씻은 후, 반드시 물기를 제거한 다음 포장지로 밀봉하여 씻은 채소와 씻지 않은 채소가 섞이지 않도록 분리하여 냉장 보관하는데 이때 3℃ 이하의 냉장 보관은 냉해를 가져올 수 있으므로 주의한다. 오래 보관해야 할 경우의 양파 및 감자는 껍질을 제거하지 않은 상태로 건조하면서도 서늘하고 통풍이 잘 되는 위생적인 용기에 보관해야 한다.

(3) 조미료류

모든 조미료류는 천연조미료를 사용하되 15~25℃에서 보관하고 유리제, 합성수지제 용기에 넣어 직사광선을 피해 서늘한 곳에 보관하고, 공산품 유통기한 이물질 및 보존방법에 유의한다.

(4) 우유 및 유제품의 저장

직사광선을 받지 않는 서늘한 곳(보통 5~25℃)에서 보관하고, 생선 등과 같이 냄새가 많이 나는 식품 등은 분리하여 위생적인 용기에 넣어 보관해야 한다.

(5) 육류 및 어류의 저장

육류의 저장은 도살한 순간부터 시작된다. 때문에 육류의 사후변화는 빠른 속도로 진행되며, 변질부패에 의하여 인체에 위험한 유독물질이 생기게 되므로, 도살부터 식용까지 모든 단계에서 철저하게 냉장 또는 냉동 상태로 보관한다. 3~4일 정도 저장하고자 할 때는 4℃ 이하에서 냉장 보관하여 사용한다.

생선은 내장을 제거하고, 소금물로 깨끗이 씻어 물기를 제거한 다음 다른 식품과 분리, 두부는 반드시 찬물에 담가서, 건어물은 건조하고 서늘한 곳에, 패류는 내용물만을 모아서 소금물로 깨끗이 씻은 후 냉장 · 냉동, 어묵은 냉장 보관한다.

(6) 난류의 저장

달걀은 일종의 생체 식품으로 수분이 많은 편이어서 저장 중에 온도의 변화를 크게 받는 식품으로, 씻지 말고 5℃에서 습도 80%의 조건에서 저온저장 상태로 1주일 정도 보관하고, 충격을 받으면 노른자가 풀어지므로 풀어지지 않도록 해준다. 또한 신선도를 유지하기 위해서는 계속 호흡할 수 있도록 뾰족한 부분이 밑으로 향하게 하여주고, 표면에는 숨을 쉬므로 미생물이 살아있을 수 있으므로 가열 조리 냄새가 강한 식품과 가까이 두면 좋지 않다.

<table>
<tr><th colspan="2">냉장고 속 내용 위치 보관의 예</th></tr>
<tr><td></td><td>※ 냉동실 위칸 : 오래 보관해야 하는 식품(덩어리 고기, 고춧가루 등)을 보관
※ 바로 아래 칸에는 자주 꺼내서 사용하는 식품(가공식품, 밥 등)들을 보관
※ 냉동실 문 쪽 수납 칸 : 자주 꺼내는 건어물이나 아이스크림 보관
※ 냉장실 위 칸 : 가까운 시일 안에 처리할 수 있는 밑반찬을 보관
※ 냉장실 아래 칸 : 김치나 장아찌같이 오래 두고 먹는 것들을 보관
※ 야채칸 : 수분이 많은 채소는 얼지 않도록 신문지로 싸거나 칸막이를 만들어 수납
※ 냉장고 문 : 음료수나 물, 소스 등 온도 변화에 영향을 받지 않는 것들을 수납
냉장실은 10℃ 이하,
냉동실은 −15℃ 이하를 유지할 것</td></tr>
</table>

출처 : http://myblueday.tistory.com/5306

5 유아교육기관 식품위생관리를 위한 검식 보존과 배식

영유아 교육기관에서 급식을 위해 조리가 완료되면 배식 전에 조리사 책임자 및 급식 관리자(영양사가 없는 경우에는 시설장 또는 주임교사)가 음식의 맛, 온도, 질감, 조리 상태, 이물, 이취 등을 영유아들에게 안전하게 제공하기 위해 확인하는 단계로서 첫 번째 시작하는 작업이다.

1) 영유아 교육기관 급식에서의 식품위생 검식

영유아들이 급식은 위생상, 영양상 안전한 것이어야 하기 때문에 식사를 시작하기 전에 준비된 급식을 소독된 검식용기에 덜어서 전용 수저를 사용하여 검식을 실시하고, 먼저 결과를 '검식일지'에 기록한다. 그 후 영유아들에게 배식하며 개선해야 할 사항들은 검수의 자료를 가지고 식단 개선의 자료로 활용한다.

2) 영유아 교육기관 급식의 위생관리를 위한 보존식

(1) 영유아 교육기관에서의 보존식

영유아들의 건강과 안전을 위해 단체급식임을 감안하여 항상 식중독 사고에 대비하여 그 원인을 규명할 수 있도록 모든 음식을 검체용으로 냉동 보존해 두는 것으로, 식품위생법 제88조에 의해 반드시 설치・운영해야 한다.

(2) 영유아 교육기관 보존식 보관 방법

보존식을 실시할 때에는 반드시 전용 용기(스테인리스 재질) 1회용 멸균 백을 사용하여 법 제88조 제2항 제2호에 따라 조리・제공한 식품을 1일 보존량 섭씨 영하 18℃ 이하로 보관(종류별로 각각 100g 이상 독립 보관, 완제품을 제공하는 식), 재료는 원상태(포장상태)로 보관(예 우유 등), 보관 장소 : -18℃ 이하의 전용냉동고(또는 일반 냉동고의 전용 칸), 보관 기간 : 144시간 보관(6일), 표시 사항 : 채취 일시, 폐기 일시, 채취자, 메뉴명을 기록하여 보존식과 함께 보관하도록 한다.

(3) 영유아 교육기관에서의 배식

영유아교육기관에서는 배식대 및 전용도구는 세척·소독을 확인한 후 배식 전에 올바른 복장을 갖춘 다음(배식용 앞치마, 위생모, 위생장갑, 마스크 착용) 세척·소독된 용기에 뚜껑을 덮어 오염을 방지하고, 적정 온도(차가운 음식은 5℃ 이하, 더운 음식은 57℃ 이상)에서 위생과 안전을 고려하면서 식당이 없는 경우 교실 또는 그 외의 장소로 운반하여 배식할 경우 안전과 위생을 고려하고 운반 기구를 청결히 하여 온도가 유지가 되도록 조리 후 1회용 장갑을 착용하고 1~2시간 이내에 배식을 한다.

배식 후에 남은 음식은 전부 폐기 처리한 후 정리정돈 한다.

(4) 급식 후 급식 기구의 세척과 소독

급식 후 기구들의 세척과 소독은 용기의 표면에 세척제를 사용하여 음식 성분과 기타 유기성분을 깨끗이 제거하고 살균 소독한다.

소독은 영유아들에게 건강의 안전을 위해 급식기구, 용기 및 음식이 접촉되는 표면에 존재하는 미생물을 없애주는 것으로 소독된 식기는 건조하여 청결히 보관할 수 있는 전용 소독 보관고에 넣어두었다가 사용한다.

3) 영유아 교육기관 급식배식을 위한 위생환경 보존 마무리

영유아교육기관 급식배식 마무리 정리를 위한 환경에서는 조리실의 구조물, 장비, 기구 및 하수구를 포함한 모든 시설·설비는 깨끗하게 청소 한 후 소독하여야 하며, 위생해충이 서식 또는 출입하지 못하도록 관리하여야 한다.

(1) 급식 후 위생환경 정리를 위해 필요한 사항

급식 후에 조리실의 구조물, 장비, 기구 및 하수구를 포함한 모든 시설・설비는 깨끗하게 청소한 후 소독하여야 하며, 위생해충이 서식 또는 출입하지 못하도록 철저하게 정리정돈, 관리하여야 한다. 그러기 위해서는 일간・주간 계획 사항에 의해서 기록하고 평가하며 급식 시설 및 설비 정리 계획을 세우는 것이 중요하다.

〈표 12-3〉 청소시기 및 구역

청소시기		청소기기 및 구역
일 별		칼・도마 / 장갑・앞치마 / 행주 / 수세미 / 밥통, 찬통, 국통, 식판 / 작은 기기류(수저, 집게, 국자, 주걱 등) / 취사기, 국솥, 조림솥, 튀김솥 등 / 채소절단기, 세미기, 탈피기, 분쇄기 등 / 검수대, 작업대 / 배식차, 운반차 / 가스레인지, 오븐 / 식기세척기 / 냉장・냉동고, 냉각기 주방벽, 바닥, 식당 배수로, 배수구 / 화장실, 전용 수세시설 등
주 별		배기후드, 닥트 / 전기소독고 / 조명, 환기 시설 / 보일러실 / 휴게실
월 별		유리창 청소 및 방충망 청소 / 식품보관실 대청소 / 정수기 내부 청소(주기 변동 가능)
연중	연 4회	개학 및 방학 대비 대청소
	연 2회	식판, 기구 등의 스케일 제거 / 외부 배수구 청소 / 위생 관련 시설・설비・기기 점검 및 보수 / 물탱크 청소

출처 : 유치원 급식 운영 관리 지침서(2012).

(2) 급식 후 위생환경 마무리를 위한 청소

① 바닥청소

바닥의 쓰레기를 제거한 후 빗자루로 중성세척제를 뿌린 뒤, 대걸레나 빗자루 또는 각 솔로 바닥의 구석구석을 닦아낸 후 바닥에 호스로 물을 뿌리고 기구 살균소독제를 사용하여 소독한다.

② 유리창, 창틀

희석된 세척액을 적신 수세미를 사용하여 청소용 수건에 깨끗한 물을 묻혀 닦은 후 여분의 물기를 깨끗이 닦아낸 후 마른 청소용 수건을 사용한다.

③ 천장

희석된 세척액을 적신 청소용 수건으로 닦은 후 남겨진 얼룩은 수세미로 가볍게 닦아 제거하고, 청소용 수건에 깨끗한 물을 묻혀 다시 닦은 후 그대로 건조시킨다.

④ 배수구 관리

유아교육기관은 단체급식 시설로 배수구가 있는 경우에는 위생이나 오염 등을 고려하여 매일 청소하되, 생선 등의 전처리 작업 후에는 즉시 그 자리에서 배수구 내부에 전처리 부산물이 끼지 않도록 깨끗이 청소한다.

배수구 청소 방법		
배수로 덮개 걷어내기	배수로 덮개는 세척하고 깨끗한 물로 씻어낸 후 '기구 등의 살균소독제'로 소독	호스를 이용하여 배수로 내 찌꺼기를 제거하고 솔을 이용하여 닦은 후 물로 씻이내기
		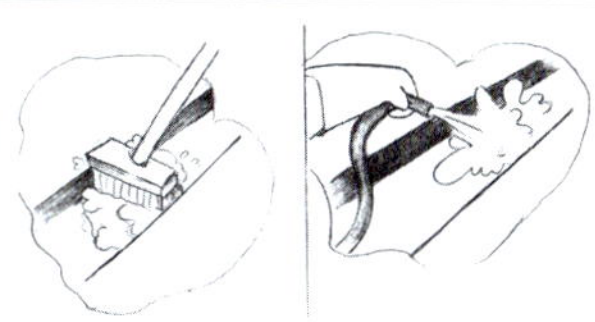
배수구 뚜껑을 열고 거름망을 꺼내어 이물 제거	거름망과 뚜껑 내부를 세척제로 세척 후 물로 헹구기	거름망 소독 후 배수로 덮개 덮기
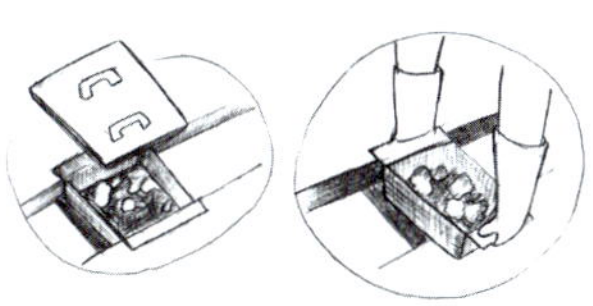	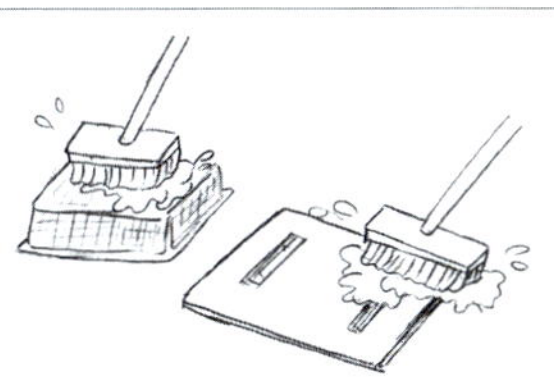	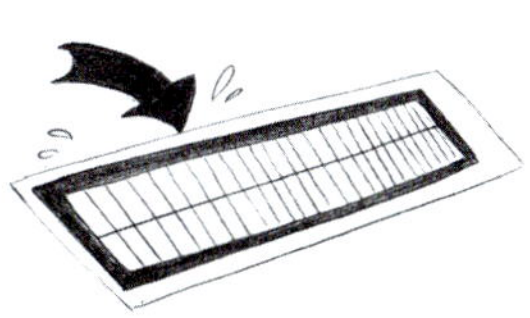

출처 : 유치원 급식 운영 관리 지침서(2012).

⑤ 쓰레기통 관리

쓰레기통은 반드시 뚜껑이 있는 것으로 발로 누르면 뚜껑이 열리는 페달식 쓰레기통을 사용하고 쓰레기 오수가 새지 않도록 파손된 부분이 없는지 살펴 쓰레기가 놓였던 장소는 쓰레기를 수거해 간 후에 매일 세척 및 소독을 한다.

⑥ 음식물 쓰레기 · 폐식용유 관리

관할 시 · 군 · 구에 의뢰하여 분리하여 관리하고, 유아교육기관에 적합한 방법으로 처리하되 매일 음식쓰레기 양을 기록하여(폐식용유가 발생할 때마다 양을 기록) 식단 작성 및 식재료비 관리에 참고하도록 한다.

⑦ 방충 · 방역 및 소독필증 관리

조리실 입구와 창문에 방충, 방서시설을 잘 구비하여 해충의 유입을 막는 전문 방역업체에 의뢰하여 방역을 주기별로 점검하고 방역일지를 기록하며 소독필증을 첨부하여 보관한다. 2개월에 1~2회 이상 실시하는 것이 좋다.

⑧ 세제류 출입 관리

세제류는 반드시 식품과 분리해서 별도의 공간에 위험물 보관으로 허가되지 않은 세제 또는 독성이 함유된 물질은 사용은 금하며, 영유아 보육시설에서 사용하고 있는 락스, 식기세척기, 세제 등은 모두 화학 물질에 속하므로 반드시 MSDS를 보관하고 있어야 한다.

새로운 화학제품을 구입할 경우에는 반드시 MSDS도 함께 보관하는 것이 원칙이며 MSDS는 물건을 판매하는 판매처 또는 물건을 제조하거나 수입한 곳에 의뢰하면 받을 수 있다.

실제 12-1 급 · 간식 전 손 씻기 지도

<table>
<tr><td>교구명</td><td>깨끗한 손 더러운 손</td><td>대상연령</td><td>만 4세</td></tr>
<tr><td>생활주제</td><td>손 씻기 지도</td><td>활동영역</td><td>수 · 과학</td></tr>
<tr><td>활동목표</td><td colspan="3">• 손 씻기의 중요성과 올바른 손 씻기 지도를 통해 급 간식 전 손을 깨끗하게 씻고 식사를 할 수 있는 태도를 형성한다.
• 열 개가량의 구체물 세어보고 수량을 알아본다.</td></tr>
<tr><td>누리과정
관련요소</td><td colspan="3">• 자연탐구 – 수학적 탐구하기 – 수와 연산의 기초 개념 알아보기 – 열 개가량의 구체물을 세어보고 수량을 알아본다.
• 신체운동 · 건강 – 건강하게 생활하기 – 몸과 주변을 깨끗이 하기 – 스스로 몸을 깨끗이 하는 습관을 기른다</td></tr>
<tr><td>준비자료</td><td colspan="3">주사위, 세균 그림, 비누 그림, 손 그림, 우드락</td></tr>
<tr><td>제작방법</td><td colspan="3">1. 주사위에 세균 그림과 비누그림을 넣어 만든다.
2. 깨끗한 손 더러운 손 그림 밑판을 만들어 까슬이를 붙인다.
3. 세균 그림과 비누 그림 자료를 코팅하여 보슬이를 붙인다.
4. 활동방법 소개 판을 만든다.
5. 만든 활동방법 판을 교구 바구니에 안에 붙인다.
 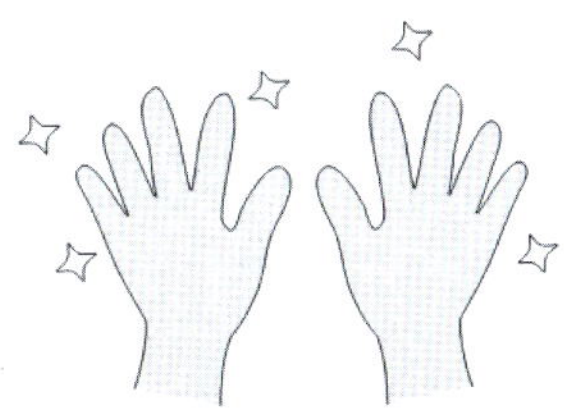</td></tr>
</table>

활동방법	1. 유아들과 손을 깨끗이 닦는 방법에 대해 이야기로 나누어 본다. 2. 활동판에 적혀 있는 활동방법을 알아보고 유아들이 활동 규칙에 따라 활동을 해볼 수 있도록 한다. 활동방법 ① 주사위를 던져 나온 세균 & 비누의 수만큼 그림 자료를 손에 붙인다. ② 세균이 나오면 상대 유아의 손에 세균을 붙이고 비누가 나오면 자신의 손에 붙여 깨끗한 손을 먼저 만드는 유아가 승리! ③ 활동방법 평가 후 손을 깨끗하게 씻어야 하는 이유를 이야기로 나누어 본다.
참고사항	• 유아들이 자유롭게 탐색할 수 있도록 지나치게 개입하지 않도록 한다. • 약속과 규칙을 잘 지켜 활동을 할 수 있도록 한다.

❒ 활동 그림자료

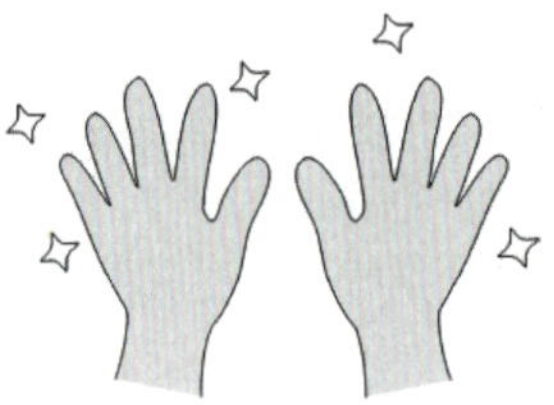

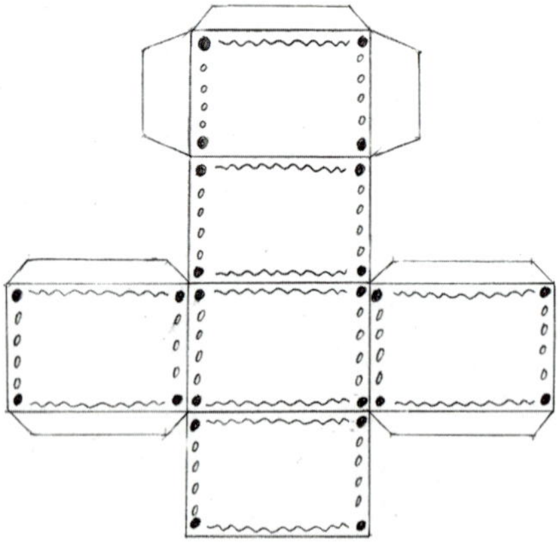

참고문헌

국민건강보험공단(2013). 2013년도 검진기관평가지침서(영유아검진). 국민건강보험공단 건강관리실 검진평가부.

김일옥 · 최경순 · 이정실(2013). 영유아 교사를 위한 아동 영양학. 양서원.

김일옥 · 최경순(2008). 아동영양학. 공동체.

덕성여대부속유치원(1997). 유아영양과 요리활동. 창지사.

대한비만학회(2006). 소아청소년비만관리 지침서. 청운.

대한영양사회 학교분과위원회(2006). 아동의 식생활지도. 대왕사.

명지전문대학 부속 명지유치원(2005). 주제중심 통합 교육과정(3, 4세). 양서원.

박선희 · 구재옥 · 정미라(2002). 유아건강교육. 한국방송통신대학교출판부.

박영숙 · 이정원 · 서정숙 · 이보경 · 이혜상(2006). 영양교육과 상담. 교문사.

보건복지부(2014). 2014년도 보육사업안내. 보건복지부.

보건복지부 질병관리본부 · 대한소아과학회(2007). 소아 · 청소년 표준성장 도표. 보건복지부.

신은수 · 강금지 · 유희정(2009). 영양과 건강교육. 창지사.

식품의약품안전청(2012). 유아식생활과 건강. 식품의약품안전청.

식품의약품안전청 · (사)대한지역사회영양학회(2012). 어린이를 위한 영양식생활 실천가이드 '똑똑하게 먹고 건강해지자'. 식품의약품안전청.

육아정책연구소(2012). 유치원 급식운영관리 지침서. 육아정책연구소.

이상일 · 최혜미(2002). 영유아 영양. 교문사.

이영미 · 이미숙 · 이민준 · 김정현 · 정혜연 · 박은주 · 정자용(2013). 생애주기영양학. 양서원.

이은주(2007). 예비교사의 영양교육에 대한 인식과 태도. 상지대학교 일반대학원 석사학위논문.

이종숙 · 김연진 · 박근주 · 강지현 · 황선명 · 이영민 · 이미화 · 최 진(2009). 영유아 영양과 활동. 양서원.

정미라 · 이영미 · 류진희 · 황환목 · 김온기 · 강효웅 · 이명희(2004). 유치원 급식 · 간식 식단 및 요리활동 자료. 교육인적자원부.

조경자 · 이현숙(2004). 유아건강교육. 학지사.

한국영양학회(2010). 한국인 영양섭취기준(개정판). 한국영양학회.

__________(2015). 2015 한국인 영양소 섭취기준. 한국영양학회.

홍창의(2008). 소아과학. 대한교과서(주).

Muzi, M. J.(2000). *Child Development : Through Time and Transition*. Prentice Hall.

Scammon, R. E.(1930). The Measurement of the body in childhood. In : Harris J. A., Jackson C. M., Patterson D. G., Scammon R. E.,(eds.), The measurement of man. University of Minnesota Press.

참고사이트

고양시 육아종합지원센터 http://www.echild.or.kr
구리 YMCA http://www.guriymca.or.kr
동산제닉스 http://www.jenix.co.kr
http://myblueday.tistory.com/5306
서울 강동구 보건소 '해피맘 해피아이' http://health.gangdong.go.kr
서울아산병원 진료 서비스 http://www.amc.seoul.kr
서울특별시 보육정보센터(2006). 유아기 영양 http://www.children.seoul.go.kr
수원우리사랑치과 http://blog.naver.com/parisss
식품의약품안전처. 어린이 건강메뉴 매뉴얼 http://www.foodnara.go.kr
SBS스페셜. program.sbs.co.kr
질병관리본부 홈페이지 http://www.cdc.go.kr
하이키친 http://hikitchen.co.kr/shop/index.php?
한국건강관리협회 http://www.kahp.or.kr
헬로우 맘마(친환경 이유식) http://cafe.naver.com/hellomamma

저/자/약/력

■ **오경숙**
원광대학교 대학원 유아교육학 전공. 교육학 박사
저서－아동건강교육 외 다수
현) 국제대학교 아동보육과 교수

■ **강영식**
원광대학교 대학원 유아교육학 전공. 교육학 박사
저서－가족관계론 외 다수
현) 충남대학교 교육대학원 유아교육과 교수

■ **박창옥**
배재대학교 대학원 유아교육학 전공. 문학박사
저서－정서 및 행동장애아 교육의 이해 외 다수
현) 박창옥 아동발달센터장
대덕대학교, 우송대학교 겸임교수

■ **김영분**
남서울대학교 대학원 아동복지학 전공. 박사수료
전) 평택시 건강가정지원센터장, 평택시 다문화가족지원센터장,
평택시 자원봉사센터 사무국장 역임

■ **이성빈**
원광대학교 대학원 유아교육학 전공. 교육학 박사
현) 전북대학교 아동학과 겸임교수

■ **삽화** : **원재희**(홍익대학교 미술대학)

아동영양학

|공저자| 오경숙 · 강영식 · 박창옥 · 김영분 · 이정민

|1판 1쇄| 발행 2015년 3월 10일
|1판 2쇄| 발행 2017년 1월 25일

|발행인| 김 동 훈
|발행처| 공 동 체

|주소| 경기도 고양시 일산동구 호수로 358-39 동문타워 I 905호(백석동)
|전화| 031) 920-8305(대표)
|팩스| 031) 920-8308
|e-mail| compub@naver.com
|출판등록| 2005년 10월 6일
|등록번호| 제396-2005-36호

|ISBN| 978-89-6352-740-6
정가 18,000원